高等职业教育"互联网+"创新型系列教材

Android 应用程序开发项目化教程

主　编　李红日　裴　芳
副主编　赫丽波　孙小强　栗　涛
参　编　王小玲　唐绍华　卢华灯

机械工业出版社

本书以 Android Studio 为开发工具，详细地介绍了 Android 编程的核心技术，包括：原型设计、Android 用户界面编程、Android 组件、数据存储、事件处理、第三方库、项目发布等知识。本书不限于介绍 Android 理论知识，还从案例和项目驱动的角度讲解理论。本书以项目和案例贯穿章节，可帮助读者深刻理解知识点。这些案例和项目贴合实际工作需要，能够使读者真正把书本中的知识应用到实际开发中。本书共分为 9 章，包括项目前期工作，揭开 Android 的神秘面纱，Android UI 设计，Activity 和 Intent 详解，Fragment 的应用，列表组件和适配器，数据存储，使用第三方库和项目发布。

本书附有配套视频、源代码、习题、教学课件等教学资源。

本书可作为高等院校本科、高职计算机相关专业的"移动互联"课程专用教材，也可以作为 Android 移动开发的培训教材，是一本非常适合 Android 零基础读者的图书。

图书在版编目（CIP）数据

Android 应用程序开发项目化教程／李红日，裴芳主编.
—北京：机械工业出版社，2021.7（2024.8重印）
高等职业教育"互联网+"创新型系列教材
ISBN 978-7-111-68631-6

Ⅰ.①A… Ⅱ.①李…②裴… Ⅲ.①移动终端-应用程序-程序设计-高等职业教育-教材 Ⅳ.①TN929.53

中国版本图书馆 CIP 数据核字（2021）第 133233 号

机械工业出版社（北京市百万庄大街22号　邮政编码100037）
策划编辑：赵志鹏　　　责任编辑：赵志鹏
责任校对：张　力　　　封面设计：马精明
责任印制：郜　敏
北京中科印刷有限公司印刷
2024 年 8 月第 1 版·第 3 次印刷
184mm×260mm·17.5 印张·420 千字
标准书号：ISBN 978-7-111-68631-6
定价：49.80 元

电话服务　　　　　　　　　　　网络服务
客服电话：010-88361066　　　机　工　官　网：www.cmpbook.com
　　　　　010-88379833　　　机　工　官　博：weibo.com/cmp1952
　　　　　010-68326294　　　金　书　网：www.golden-book.com
封底无防伪标均为盗版　　　　　机工教育服务网：www.cmpedu.com

前 言

在过去十几年的教学生涯中，我们一直在探索信息技术类课程教学新方法，如何把看似复杂深奥的编程知识教给职业院校的学生，让编程不再难学。最初，我们以知识点为导向，力图使课程覆盖所有的知识点，但这种方法收效甚微。然后我们尝试项目教学法，即整门课程以项目为驱动，但因为项目内容过于庞大，学习者学起来很吃力，效果也不佳。最后我们通过反复实践，采用项目+案例的教学方法。项目+案例教学法从学生的认知需求出发，将知识进行重构，所有章节内容一律遵循"知识介绍""知识运用""案例演示""项目实战""知识总结"这样一套学习思路。案例的设计充分考虑学生的知识储备以及认知能力，项目则以完整的企业开发项目为主线，根据章节所学内容进行逐层拆解，分布于各个章节，以达到培养学生软件项目开发能力、软件开发素养的目的。项目+案例的形式既尊重学习者认知规律，又符合学习者需求。

本教材的另外一个突出特色是设置了星级任务。在以往的教学过程中，我们发现学生存在着学习差异大的现象，特别是编程类的课程，学生分层现象很突出。为了让处于不同学习状态的学生都能学有所获，我们在每一个章节最后的"项目实战"中设置了不同难度的星级任务，学生可以根据自己掌握的情况，灵活地选择任务难度。通过星级任务的设置，让一部分学得好的学生可以通过自主查找资料挑战难度高的任务，也可以让学习吃力的学生不会因为完全无从下手而失去学习兴趣。

为辅助学习者更好地完成学习，本教材提供了配套的各类数字资源，包括微课视频、习题集、案例集、电子课件、项目参考源码等。这些微课视频可以有效帮助学习者更加准确地理解所学知识，对学习难点和重点可以适时回顾和练习。

本书由李红日、裴芳任主编，赫丽波、孙小强、栗涛任副主编，王小玲、唐绍华、卢华灯参与了本书的编写。

尽管我们尽了最大的努力，但书中难免会有不妥之处，欢迎各界专家和读者朋友们来信给予宝贵意见，我们将不胜感激。您在阅读本书时，如发现任何问题或有不认同之处，可以通过电子邮箱与我们取得联系。请发送电子邮件至：lhr_1010@126.com。

编　者

二维码索引

名称	图形	页码	名称	图形	页码
1.1 设计引导页原型		7	3.1 设计和实现用户登录界面		72
1.2 设计登录和注册界面原型		8	3.2 设计和实现用户注册界面		76
1.3 设计主界面导航栏原型		9	3.3 设计和实现帮助界面		79
1.4 设计概要收入支出原型		10	4.1 实现登录按钮事件		106
1.5 设计类别管理原型		11	5.1 实现记账本的导航栏		123
1.6 原型的交互设计		12	5.2 使用 fragment 实现多页主界面		124
2.1 创建记账本项目		30	6.1 使用 ListView 实现收入界面		150

(续)

名称	图形	页码	名称	图形	页码
6.2 使用 RecyclerView 实现支出界面		155	7.5 实现收入增加功能		214
6.3 实现添加收入界面		160	7.6 实现收入删除功能		216
6.4 实现收入支出类别管理界面		165	7.7 实现收入类别添加功能		218
7.1 注册数据存储存储		204	8.1 实现支出分类统计		243
7.2 登录数据读取		207	8.2 实现查询统计功能		249
7.3 创建 SQLite 数据库		209	8.3 实现分享功能		254
7.4 实现收入明细查询及显示功能		212	9.1 项目打包		261

目 录

前言

二维码索引

第1章 项目前期工作 ……………………………………………………………… 1
1.1 项目开发流程 ……………………………………………………………… 2
1.1.1 创意 …………………………………………………………………… 2
1.1.2 规划 …………………………………………………………………… 2
1.1.3 设计 …………………………………………………………………… 3
1.1.4 开发 …………………………………………………………………… 3
1.1.5 部署 …………………………………………………………………… 4
1.1.6 运营 …………………………………………………………………… 4
1.2 项目需求分析 ……………………………………………………………… 4
1.2.1 项目背景 ……………………………………………………………… 4
1.2.2 项目需求分析 ………………………………………………………… 5
1.2.3 项目业务框架分析 …………………………………………………… 5
1.3 项目原型设计 ……………………………………………………………… 6
1.3.1 原型设计 ……………………………………………………………… 6
1.3.2 墨刀的使用 …………………………………………………………… 6
1.4 【项目实战】 ……………………………………………………………… 7
1.4.1 引导页原型设计 ……………………………………………………… 7
1.4.2 登录和注册界面的原型设计 ………………………………………… 8
1.4.3 主界面导航栏原型设计 ……………………………………………… 9
1.4.4 概要收入支出原型设计 ……………………………………………… 10
1.4.5 类别管理原型设计 …………………………………………………… 11
1.4.6 原型的交互设计 ……………………………………………………… 12
1.4.7 挑战任务 ……………………………………………………………… 13
本章小结 ……………………………………………………………………… 14

第2章 揭开 Android 的神秘面纱 ……………………………………………… 15
2.1 Android 简介 ……………………………………………………………… 16
2.1.1 Android 系统架构 …………………………………………………… 16
2.1.2 Android 已发布的版本 ……………………………………………… 16

2.1.3　Android 应用开发特色 …………………………………………………… 18
2.2　Android Studio 开发环境搭建 ………………………………………………………… 19
　　2.2.1　Android Studio 的下载、安装与配置 ………………………………………… 19
　　2.2.2　在 Android Studio 中下载 SDK ……………………………………………… 19
　　2.2.3　模拟器的创建 …………………………………………………………………… 20
2.3　【案例】开发第一个 Android 程序 …………………………………………………… 23
2.4　Android 应用程序框架 ………………………………………………………………… 25
2.5　ADB 介绍以及常用的命令 …………………………………………………………… 26
　　2.5.1　执行 adb 命令 …………………………………………………………………… 26
　　2.5.2　配置 adb 环境变量 ……………………………………………………………… 27
　　2.5.3　文件浏览器窗口 ………………………………………………………………… 27
　　2.5.4　常用的 adb 命令 ………………………………………………………………… 28
2.6　【项目实战】 …………………………………………………………………………… 30
　　2.6.1　创建记账本项目 ………………………………………………………………… 30
　　2.6.2　挑战任务 ………………………………………………………………………… 33
本章小结 ……………………………………………………………………………………… 33

第 3 章　Android UI 设计 …………………………………………………………………… 34

3.1　用户界面基础 …………………………………………………………………………… 35
　　3.1.1　用户界面基本要求 ……………………………………………………………… 35
　　3.1.2　View 和 ViewGroup …………………………………………………………… 35
3.2　常用基本控件（一）…………………………………………………………………… 36
　　3.2.1　控件概述 ………………………………………………………………………… 36
　　3.2.2　TextView ………………………………………………………………………… 38
　　3.2.3　EditText ………………………………………………………………………… 38
　　3.2.4　Button …………………………………………………………………………… 40
3.3　【案例】体质指数计算器 ……………………………………………………………… 42
　　3.3.1　案例描述 ………………………………………………………………………… 42
　　3.3.2　案例分析 ………………………………………………………………………… 42
　　3.3.3　案例实现 ………………………………………………………………………… 43
3.4　常用布局 ………………………………………………………………………………… 46
　　3.4.1　线性布局 LinearLayout ………………………………………………………… 47
　　3.4.2　相对布局 RelativeLayout ……………………………………………………… 49
　　3.4.3　帧布局 FrameLayout …………………………………………………………… 52
　　3.4.4　表格布局 TableLayout ………………………………………………………… 53
　　3.4.5　约束布局 ConstraintLayout …………………………………………………… 54

3.5 常用基本控件（二） ··· 54
    3.5.1 ImageView 和 ImageButton ··· 54
    3.5.2 RadioButton 和 CheckBox ·· 56
3.6 【案例】调查问卷 ·· 59
    3.6.1 案例描述 ·· 59
    3.6.2 案例分析 ·· 59
    3.6.3 案例实现 ·· 60
3.7 Shape 和 Selector ··· 66
    3.7.1 Shape ··· 66
    3.7.2 Selector ·· 69
3.8 【项目实战】 ·· 72
    3.8.1 登录界面设计 ··· 72
    3.8.2 注册界面设计 ··· 76
    3.8.3 帮助界面设计 ··· 79
    3.8.4 挑战任务 ·· 81
本章小结 ··· 83

第 4 章 Activity 和 Intent 详解 ·· 84

4.1 Activity 的生命周期 ·· 85
    4.1.1 生命周期的状态 ·· 85
    4.1.2 生命周期状态转换的方法 ··· 86
4.2 【案例】测试 Activity 的生命周期 ··· 86
    4.2.1 案例描述 ·· 86
    4.2.2 案例分析 ·· 86
    4.2.3 案例实现 ·· 87
4.3 事件处理 ··· 88
    4.3.1 基于监听接口机制的事件处理 ·· 89
    4.3.2 基于回调机制的事件处理 ··· 89
    4.3.3 Handler 消息机制 ··· 90
4.4 【案例】定时切换图 ··· 91
    4.4.1 案例描述 ·· 91
    4.4.2 案例分析 ·· 91
    4.4.3 案例实现 ·· 92
4.5 Intent 概述 ··· 93
    4.5.1 显式 Intent 与隐式 Intent ··· 93
    4.5.2 Intent 对象的属性 ·· 94

4.6 【案例】简单登录 …… 96
    4.6.1 案例描述 …… 96
    4.6.2 案例分析 …… 96
    4.6.3 案例实现 …… 97

4.7 程序调试 …… 102
    4.7.1 断点调试 …… 102
    4.7.2 Logcat 断点调试 …… 104

4.8 【项目实战】 …… 106
    4.8.1 实现登录按钮事件 …… 106
    4.8.2 实现引导页面跳转 …… 108
    4.8.3 挑战任务 …… 109

本章小结 …… 111

第 5 章 Fragment 的应用 …… 112

5.1 使用 Fragment …… 113
    5.1.1 Fragment 简介 …… 113
    5.1.2 创建 Fragment …… 113
    5.1.3 在 Activity 中添加 Fragment …… 113

5.2 【案例】湘菜菜谱 …… 115
    5.2.1 案例描述 …… 115
    5.2.2 案例分析 …… 115
    5.2.3 案例实现 …… 116

5.3 导航 …… 119
    5.3.1 NavigationView 简介 …… 119
    5.3.2 NavigationView 和 DrawerLayout 实现抽屉式导航设计 …… 119

5.4 【案例】移动办公抽屉导航设计 …… 120
    5.4.1 案例描述 …… 120
    5.4.2 案例分析 …… 121
    5.4.3 案例实现 …… 121

5.5 【项目实战】 …… 123
    5.5.1 实现记账本的导航栏 …… 123
    5.5.2 使用 Fragment 实现多页主界面 …… 124
    5.5.3 挑战任务 …… 126

本章小结 …… 127

第 6 章 列表组件和适配器 …… 128

6.1 AdapterView 组件 …… 129

6.2 ListView ··· 129
　6.2.1 ListView 的属性 ··· 129
　6.2.2 为 ListView 填充数据 ·· 130
　6.2.3 响应事件 ·· 130
6.3 Adapter ··· 131
　6.3.1 ArrayAdapter ·· 132
　6.3.2 SimpleAdapter ·· 132
　6.3.3 BaseAdapter ··· 133
6.4 【案例】显示用户联系地址列表 ··· 133
　6.4.1 案例描述 ·· 133
　6.4.2 案例分析 ·· 133
　6.4.3 案例实现 ·· 134
6.5 RecyclerView ··· 138
　6.5.1 RecyclerView 简介 ··· 138
　6.5.2 RecyclerView 适配器 ··· 139
6.6 【案例】使用 RecyclerView 查看照片 ··· 140
　6.6.1 案例描述 ·· 140
　6.6.2 案例分析 ·· 140
　6.6.3 案例实现 ·· 141
6.7 GridView ·· 144
6.8 【案例】九宫格显示图片 ·· 144
　6.8.1 案例描述 ·· 145
　6.8.2 案例分析 ·· 145
　6.8.3 案例实现 ·· 145
6.9 AlertDialog 对话框 ··· 147
　6.9.1 AlertDialog 对话框概述 ·· 147
　6.9.2 自定义布局对话框 ·· 148
6.10 【项目实战】 ··· 150
　6.10.1 使用 ListView 实现收入界面 ··· 150
　6.10.2 使用 RecyclerView 实现支出界面 ··· 155
　6.10.3 实现添加收入界面 ·· 160
　6.10.4 实现收入支出类别管理界面 ·· 165
　6.10.5 挑战任务 ·· 171
本章小结 ·· 172

第 7 章 数据存储 ·· 173
7.1 SharedPreferences ·· 174

7.1.1　写数据 ·· 174
　　7.1.2　读数据 ·· 174
7.2　【案例】个人健康 APP 免登录 ··· 175
　　7.2.1　案例描述 ··· 175
　　7.2.2　案例分析 ··· 175
　　7.2.3　案例实现 ··· 176
7.3　SQLite 数据库 ··· 180
　　7.3.1　SQLite 数据库的创建 ··· 181
　　7.3.2　SQLite 数据库的基本操作 ··· 182
　　7.3.3　SQLite 数据库中的事务 ·· 185
7.4　【案例】简易购物车的 CRUD ·· 186
　　7.4.1　案例描述 ··· 186
　　7.4.2　案例分析 ··· 186
　　7.4.3　案例实现 ··· 187
7.5　数据访问层（DAO） ·· 202
7.6　单元测试 ·· 203
7.7　Application ·· 203
7.8　【项目实战】 ·· 204
　　7.8.1　完成注册数据存储 ·· 204
　　7.8.2　完成登录数据读取 ·· 207
　　7.8.3　创建 SQLite 数据库、表 ·· 209
　　7.8.4　完成收入明细查询及显示功能 ··· 212
　　7.8.5　完成收入增加功能 ·· 214
　　7.8.6　完成收入删除功能 ·· 216
　　7.8.7　完成收入类别添加功能 ··· 218
　　7.8.8　挑战任务 ··· 221
本章小结 ·· 223

第 8 章　使用第三方库 ··· 224

8.1　Gradle 和依赖管理 ·· 225
　　8.1.1　Gradle ·· 225
　　8.1.2　依赖管理 ··· 228
8.2　【案例】精美第三方 Toast 库的使用 ·· 230
　　8.2.1　案例描述 ··· 231
　　8.2.2　案例分析 ··· 231
　　8.2.3　案例实现 ··· 231

XI

8.3 使用 MPAndroidChart 库生成图表 ………………………………………… 237
8.4 【案例】使用 MPAndroidChart 图表库生成饼图 …………………………… 240
    8.4.1 案例描述 …………………………………………………………… 240
    8.4.2 案例分析 …………………………………………………………… 240
    8.4.3 案例实现 …………………………………………………………… 240
8.5 【项目实战】 ……………………………………………………………… 243
    8.5.1 开发支出分类汇总统计饼图 ………………………………………… 243
    8.5.2 实现查询统计功能 …………………………………………………… 249
    8.5.3 实现分享功能 ………………………………………………………… 254
    8.5.4 挑战任务 ……………………………………………………………… 255
本章小结 …………………………………………………………………………… 257

第 9 章 项目发布 ……………………………………………………………… 258

9.1 代码规范与静态质量检查 …………………………………………………… 259
    9.1.1 代码规范 ……………………………………………………………… 259
    9.1.2 静态质量检查 ………………………………………………………… 259
9.2 项目打包和签名 ……………………………………………………………… 260
9.3 【项目实战】 ………………………………………………………………… 261
    9.3.1 项目打包 ……………………………………………………………… 261
    9.3.2 挑战任务 ……………………………………………………………… 263
本章小结 …………………………………………………………………………… 265

参考文献 ………………………………………………………………………… 266

第 1 章 项目前期工作

小猿做介绍

小猿是软件公司程序员，月薪 4300 元，月光族，每天忙碌，却口袋空空。某天下班回家，吃着方便面，回想过去的一些生活细节，钱去哪儿了？哎！真是"你不理财，财不理你"呀。堂堂计算机专业毕业的我，还是按照软件开发流程开发一个记账本 APP 吧。

小猿发布任务

记账本中引导页、登录和注册界面、主界面导航栏、概要收入支出、类别管理原型设计以及原型的交互设计。

小猿做培训

程序员的团队精神和协作能力

团队精神和协作能力是作为一个程序员应具备的最基本素质。软件工程已经提了几十年，当今的软件开发已经不是纯粹的编程，而是工程。一个超级程序员就能够搞定一切的情况已经很少存在了。更多的情况是以团队的形式进行系统的设计和开发，因此，团队精神和协作能力也变得越来越重要。

团队精神和协作能力是程序员应该具备的最基本的，也是最重要的安身立命之本。任何个人的力量都是有限的，即便许多编程的高手，也需要通过组成强大的团队来创造奇迹。程序员进入系统的研发团队，接受商业化和产品化的开发任务，需要团队精神和协作能力。

1.1 项目开发流程

每天有成千上万个手机应用发布到应用市场，其中包括游戏、社交、电子商务应用等。所有这些应用在开发中会采用相似的开发流程：创意、规划、设计、开发、部署和运营。

1.1.1 创意

虽然听起来很老套，但所有伟大的应用都是从一个好的创意开始的。如果没有好的应用创意，最好从问题和潜在的解决方案的角度来思考。努力去思考"为什么要这样做？"或者"有什么更好的方法来解决这个问题吗？"，如果能找出问题或改进的点，就成功了一半！接下来要做的事情是理解为什么会存在这个问题，并思考为什么以前没有人开发一个应用来解决这个问题。和其他人谈谈这个问题，让自己沉浸在问题中不断思考。一旦完全理解了这个问题，就可以开始规划一个新的应用程序去解决这个问题。

1.1.2 规划

一旦有了一个好的创意，就需要开始规划你的应用程序。从竞品分析开始是一个好的思路。看看其他应用程序是否也有类似的功能，并分析同类应用的一些基本数据：

- 安装数：看看有多少人下载安装了该应用。
- 用户评价：看看用户对该应用的评价，用户的抱怨在哪些地方。
- 发展历史：看看这些应用程序是如何随着时间的推移而变化的，以及它们在这一过程中面临的挑战。试着看看他们做了什么来扩大他们的用户群。

这么做有两个主要目标：首先，尽可能多地免费学习。犯错误是费时、令人沮丧和昂贵的。通常情况下，必须先尝试几种方法，那么为什么不从竞争对手那里吸取教训，为自己节省试错的成本呢？其次是要理解在市场上竞争有多难。人们是否渴望一个新的解决方案？是否有一些用户需求没有被现有的产品所满足？了解存在哪些差距，并定制解决方案来满足它们。如果是一个全新的创意，那就研究其他先上市的应用程序，看看他们如何引导消费者接受他们的新产品。

确定盈利模式：除非只是为了自己喜欢而构建应用程序，否则你一定希望在你的移动应用程序上赚钱。有几种可能的盈利模式，包括：在应用程序中内购、订阅支付、溢价功能、广告收入、销售用户数据，以及传统的下载付费。要确定哪一款最适合你的应用程序，请看看市场预期的付款方式。还需要考虑在什么时候开始启动收费，应用程序可以先跳过了这一步，先做免费，扩大用户群后再考虑收费。

分析市场：移动应用程序开发过程中的这一步都是为了确定你在营销应用程序时将面临的最大挑战。假设你有一个可靠的应用程序开发和设计团队，你最大的障碍可能是让用户下载使用你的应用。在应用程序商店里有成千上万个漂亮而且功能强大的应用程序，这些应用程序很多没有用户使用。在这一点上，你需要了解自己的营销预算和方法。在某些情况下（如内部使用的应用程序或 B2B 应用程序），可能不需要营销。

确定产品路线图：规划过程的最后阶段是定义应用程序的路线图。这个过程的目的是了解你的应用程序有一天会变成什么样，怎样逐步推出应用功能。一开始，总是从最小功能产品（MVP）做起。在白板上写下想让你的应用程序做的所有事情，然后开始对这些进行排序，按优先次序分列。考虑一下应用程序的核心功能是什么，需要什么来获得用户，以及以后可以添加什么。

1.1.3 设计

用户体验设计从信息结构入手，信息体系结构设计是一个决定哪些数据和功能需要在应用程序中呈现，以及如何组织这些数据和功能的过程。一般来说，首先写下我们希望应用程序具有的功能列表以及需要在应用程序中某处显示的内容。这些就是我们用来构建线框图的基本构件。

接下来，开始画屏幕图并分配每个功能和数据。如果有些元素出现在多个地方也没有关系，但需要确保每个元素都有一个主要的地方。这个过程往往在白板或纸上完成，可以方便更改，因为删除某些标记比重写代码要简单得多。一旦画了几个屏幕，就可以开始考虑你的应用程序的工作流。

工作流是用户在应用程序中交互的路径。考虑希望用户能够做的每一件事情，需要多少次单击完成该操作，确保每一个单击是直观的。如果某件事需要几次单击才能完成，也能够接受，但常见的任务不应该需要几次单击才能执行。当发现工作流程有问题时，请修改线框图，重新来一次。记住在每次迭代中运行所有功能，确保在改进另一个操作时没有增加其他操作的难度。

1.1.4 开发

确定了产品的原型设计后，首先要对需求进行分析，具体要做什么工作？是为了解决什么问题？然后对功能进行划分，哪些部分是关联的，大概分成哪些模块。同时能对这些情况进行技术思考，可能用到什么技术方案去实现难点，大概技术点是什么样子的。

需求分析之后就进入模块设计，首先要对技术方案进行对比，选择一个适合自己的方案，方案不是越复杂越好，要能解决需求的同时又有一定的扩展能力。

接下来就是结构框架设计，搭建好结构框架，包括定义好接口、通信模型流程结构等，然后进行详细设计，比如详细的协议、涉及数据算法的选择。必要时，我们会输出设计文档以便后面的维护。

随后进入编码阶段，我们把设计转换成代码，实现完整的逻辑流程功能，但实际上我们花在编码上时间并不多，大部分时间我们都在调试，通过不断调试来解决各种 Bug，最后还要进行必要的优化和重构来完善代码。现在调优在开发过程后期占很大的比重，偶尔通过排查可以发现一些潜在的问题，比如内存泄漏、CPU 占比过高、滚动掉帧等等。通过一些工作进行调优，不可缺少。

最后是自测，自测是必需的，这是属于每个开发者的责任。自测很重要，只有通过自测代码才可以提交给后面专门的测试人员来测试，没有通过自测的代码，是不允许提交到代码仓库的，如果提交了则被认为是一种不负责任的表现。自测有很多种，常见的有冒烟测试、功能测试、边界测试、回归测试等。

1.1.5 部署

当完成内部测试后，我们将应用程序发布到应用商店。大多数移动应用程序需要一个服务器后端才能发挥作用。这些 Web 服务器负责向应用程序传输数据和从应用程序传输数据。如果服务器超载或停止工作，应用程序将停止工作。适当配置的服务器是可伸缩的，以满足当前和潜在的用户群，你可能需要将服务器后端部署到云环境中。

1.1.6 运营

如果认为移动应用程序开发过程在应用程序交付时结束，那将是非常天真的。去看看任何流行的应用程序，你会看到一个漫长的应用程序更新历史。这些更新包括修复、性能改进、更改和新功能。

我们可以利用现有的库来跟踪应用程序崩溃和使用情况，例如腾讯的 Bugly 或者友盟的 SDK。这些库会收集用户使用数据，包括用户在做什么，他们设备上的信息以及大量的技术信息。这对于开发团队解决问题至关重要。

为了推广应用，需要分析用户数据。它们可以帮助你理解谁在使用你的应用程序（年龄、性别、地点、语言等），以及他们如何使用它（一天中的时间），在应用程序中花费的时间和查看的屏幕等。有些甚至允许查看你的应用程序的热图，这样就知道每个屏幕上的按钮最常被点击。

1.2 项目需求分析

1.2.1 项目背景

随着社会经济和科技的发展，居民收入不断增加，收入来源也更加丰富多元，各种线上支付软件，如支付宝、微信等，简化了支付交易流程，大大促进了居民的消费。居民的收入、日常花销、交通费用、贷款等各种账单越来越多，也难以管理。为了解决账单管理问题，以及改善居民消费习惯，各生活账单类软件应运而生。

我们希望开发一个记账类应用，用户既可以快速记录每笔收入的来源和花销的去处，掌控自己的财务状况，又能从不同维度感知消费趋势，让用户更合理地分配支出。

1.2.2　项目需求分析

产品定位：记账本是一款便捷易用的生活记账 APP，适用于旅行记账、学生记账、日常记账、随手记账等方方面面。记账本拥有简洁的记账流程、清晰的图表分析，致力于为用户提供最快速的记账体验，使用户可以随时随地地掌握资金流向。

用户需求：用户有记账需求，希望管理自己的财务状况，改善消费习惯。市面上大部分记账软件过于复杂，看似丰富全面的功能实际上并不是大部分用户必需的，反而更加赘余，因此简单高效的记账软件更能符合用户期待。

1.2.3　项目业务框架分析

记账本功能结构如下：

主页界面

- ◆ 收入管理
  - 收入明细
  - 收入录入
- ◆ 系统设置
  - 收入类别管理
  - 支出类别管理
- ◆ 支出管理
  - 支出明细
  - 支出录入
- ◆ 辅助功能
  - 帮助
  - 分享/导出
- ◆ 统计报表
  - 收入分类统计
  - 支出分类统计

（1）主页界面。

记账本主页默认显示本月的收入和支出汇总。屏幕中央显示支出的分类汇总饼图，可以方便看到每类支出的占比，也便于控制消费支出。我们希望记账本在主页面显示的信息传达简洁清晰，整体界面也给人很好的体验，视觉直观。

（2）收入管理。

收入和支出管理是记账功能的核心。APP 按照时间排序列出每项收入，提供明显的增加按钮，单击增加按钮后，可以增加记账明细条目。在添加页可以选择收入类别，有需要可添加备注，然后输入金额，系统会自动以当前时间作为账务时间。

（3）支出管理。

功能和操作与收入管理类似，提供管理支出项记账的功能。

（4）统计报告。

在统计报告功能中，记账本采用列表的形式，查询显示用户选择时间段的收入或者支出，满足了用户对于各种账目查询的需求。

（5）系统设置。

系统设置提供用户自定义收入和支出类别的功能，可以对类别进行添加、删除和修改，实现个性化的分类。

（6）辅助功能。

记账本提供收入支出导出功能和其他一些非主要业务的补充功能。

1.3 项目原型设计

1.3.1 原型设计

原型设计指的是让人能够提前看到或是体验到产品的一个创作过程，它可以很好地表达出设计人员对产品的一种需求，具有很好的思路展现形式，是一种较为立体有效的沟通方式。

原型设计的最终呈现效果有几种不同的程度，被称为"草图""低保真""高保真"以及更加复杂的交互原型。其实草图很好理解，简单潦草只是一个初步设想；低保真就是线框图，不做任何的修饰，是用来内部展示所用；高保真则是经过较为精心的渲染，图片的添加修饰，起到一种像经过 PS 流程一样的真实感，更接近于真实成品的一个临界点，主要用来给客户呈现展示；而最为复杂的交互原型主要是用来给开发人员。

注意：常用原型设计工具有 Axure、墨刀、Mockplus、Justinmind、Photoshop、纸笔等，本书选择墨刀是因为墨刀具有可在线使用、上手简单、演示全面、拥有模板等特点。

1.3.2 墨刀的使用

墨刀是北京磨刀刻石科技有限公司开发的原型设计工具，它是一款在线原型设计与协同工具，借助墨刀，产品经理、设计师、开发、销售、运营及创业者等用户群体，能够搭建产品原型，演示项目效果。墨刀同时也是协作平台，项目成员可以协作编辑、审阅，不管是产品想法展示，还是向客户收集产品反馈，向投资人进行 Demo 展示，或是在团队内部协作沟通、项目管理。

墨刀有免费与付费两种方式，免费方式采用邮箱注册，只是在创建项目数量、页面数等方面有限制。它既可下载，也可在线使用，下面简单介绍在线使用方法。

1. 登录注册

进入官网 https://modao.cc，使用邮箱注册后我们就可以使用免费版的墨刀了。

2. 学习教程

我们选择企业或个人项目，即可进入新手引导项目，演示设计原型的简单操作，也可观看视频教程。

3. 创建项目

进入工作区后，单击左上角"新建"按钮选择项目菜单，进入页面，输入项目名称，选择手机以及手机型号，单击"创建"按钮进入编辑页面。

4. 编辑页面

在编辑页面左侧可新建页面或修改页面名称，根据需要拖动右侧内置组件至页面，设置页面内容和多个页面间的交互。

5. 预览

在编辑页面单击"运行"按钮，即可进入原型演示模式。

 注意：上面只是对墨刀的使用做个简单介绍，具体如何编辑页面内容及页面交互等操作，请参阅 https://modao.cc/tutorials。

1.4 【项目实战】

1.4.1 引导页原型设计

1. 开发任务单

任务概况	任务描述	设计引导页原型		
	参与人员			
	所属产品	记账本 APP	开始时间	
	所属模块	原型设计	结束时间	
	任务类型	设计	预计工时	30 分钟
	任务编号	DEV-01-001	实际工时	
任务要求	（1）根据用户需求，使用墨刀原型工具设计引导页。 （2）实现单击"进入"按钮的页面跳转	用户故事/ 界面原型		
验收标准	（1）满足用户需求。 （2）结构清晰，用户体验好。 （3）有一定的视觉美感			

2. 开发任务解析

使用墨刀的内置组件中的图片加载背景图，文字组件输入"不积跬步，无以至千里；不积小流，无以成江海。"按钮组件设置"点击进入"按钮，通过设置点击事件到登录页面。

3. 开发过程

（1）新建"引导页"页面和登录页面。

（2）编辑引导页面，拖动图片组件至页面，单击右侧"本地上传"按钮选择图片设置背景。

（3）拖动文字组件至页面，输入"不积跬步，无以至千里；不积小流，无以成江海。"。可根据需要设置文本字体、大小等。

(4) 拖动按钮组件至页面，输入"点击进入"。
(5) 拖动按钮左侧的圆形链接按钮至左侧页面列表中的登录页面。
(6) 在右侧事件面板中设置事件类型、跳转页面等。
(7) 选择引导页，单击"运行"按钮，预览效果。

1.4.2 登录和注册界面的原型设计

1. 开发任务单

任务概况	任务描述	设计登录和注册界面原型		
	参与人员			
	所属产品	记账本 APP	开始时间	
	所属模块	原型设计	结束时间	
	任务类型	设计	预计工时	1 小时
	任务编号	DEV-01-002	实际工时	
任务要求	(1) 根据用户需求，使用墨刀原型工具设计登录、注册页面。 (2) 实现单击"登录"按钮的页面跳转。 (3) 实现单击"注册链接"的页面跳转	用户故事/界面原型		
验收标准	(1) 满足用户需求。 (2) 结构清晰，用户体验好。 (3) 有一定的视觉美感			

2. 开发任务解析

登录界面顶部为标题栏和登录图片，中部为用户昵称和密码输入框，下部为登录按钮、忘记密码和注册链接。注册界面顶部为标题栏和注册图片，中部为昵称、密码、密码输入框，下部为注册按钮。单击"登录"按钮跳转到概要页面，单击注册链接跳转到注册页面，单击"注册"按钮返回登录页面。

3. 开发过程

(1) 在页面列表中新建登录、注册和概要页面。
(2) 选择登录页，拖动苹果 IOS 下的顶栏组件至页面，设置文字和颜色。
(3) 拖动图片组件至页面加载本地图片，移至合适位置。
(4) 拖动文字组件输入"用户昵称"。
(5) 拖动单行输入组件至页面，用于输入用户昵称。
(6) 拖动文字组件输入"密码"。
(7) 拖动单行输入组件至页面，用于输入密码。
(8) 拖动按钮组件至页面，修改文字为"登录"。

（9）拖动文字组件至页面，输入"忘记密码"，修改字体大小、颜色、下划线。

（10）拖动文字组件至页面，输入"注册"，修改字体大小、颜色、下划线。

（11）拖动登录按钮左侧的圆形链接按钮至左侧页面列表中的概要页面，在右侧事件面板中设置事件类型、跳转页面等。

（12）拖动注册链接左侧的圆形链接按钮至左侧页面列表中的注册页面，在右侧事件面板中设置事件类型、跳转页面等。

（13）注册界面与登录界面相似，步骤略。

1.4.3 主界面导航栏原型设计

1. 开发任务单

任务概况	任务描述	设计主界面导航栏原型		
	参与人员			
	所属产品	记账本 APP	开始时间	
	所属模块	原型设计	结束时间	
	任务类型	设计	预计工时	2 小时
	任务编号	DEV-01-003	实际工时	
任务要求	（1）根据用户需求，使用墨刀原型工具设计主界面导航栏原型。 （2）实现底部导航栏概要、收入、支出的页面切换	用户故事/界面原型		
验收标准	（1）满足用户需求。 （2）结构清晰，用户体验好。 （3）有一定的视觉美感			

2. 开发任务解析

记账本的主页，实际上就是概要、收入、支出三个界面的切换，实现底部导航栏。实现底部导航栏有两种方法，一种是用状态来做，一种是用页面来做。我们采用状态来制作底部导航栏。

3. 开发过程

（1）新建概要页面，将动态组件拖至页面。

（2）按照提示，双击编辑动态组件，进入动态组件编辑页面后，将组件中的元素全部删除。

（3）从内置组中拖出底栏1组件，提示要处于全局状态，单击"切换"按钮，然后再拖动底栏1，调节底栏1的位置和页面高度，单击"缩放"按钮将页面放大便于操作。

（4）底栏1默认为四个栏目且为整体，单击工具栏中的"打散"，删除一个栏目，选择图标和文字按住<shift>键，调整其位置，将它们的图标和文字改成实际所需，然后将对应的图标和文字进行整合。

（5）设置底部导航栏的三种状态，单击某图标时，该图标和文字对应的颜色发生变化，打开状态设置面板添加新状态，在默认状态中，将概要的图标和文字设置为红色，状态2和状态3也是这样操作。

（6）返回工作区，将导航栏拖至底部，现在设置切换效果，在概要页面上输入文字概要复制页面为"收入""支出"，将页面文字分别改为"收入""支出"。

（7）回到概要页面，选择动态组件，左侧是选择对那个状态进行编辑，右边可以设置当前页面显示的是哪个状态，选择概要页面，右边设置为默认状态，左边选择默认状态将收入和支出的闪电图标拖至对应页面。收入和支出两个页面也是这样操作。

1.4.4 概要收入支出原型设计

1. 开发任务单

	任务描述	设计概要收入支出原型		
	参与人员			
任务概况	所属产品	记账本APP	开始时间	
	所属模块	原型设计	结束时间	
	任务类型	设计	预计工时	1.5小时
	任务编号	DEV-01-004	实际工时	
任务要求	（1）根据用户需求，使用墨刀原型工具设计"概要"页面原型。 （2）根据用户需求，使用墨刀原型工具设计"收入"页面原型。 （3）根据用户需求，使用墨刀原型工具设计"支出"页面原型。	用户故事/界面原型		
验收标准	（1）满足用户需求。 （2）结构清晰，用户体验好。 （3）有一定的视觉美感。			

2. 开发任务解析

项目实战1.4.3实现了概要、收入、支出三个界面的切换，每个页面只是用文字来代替，以示区别，本案例将对这三个界面进行原型设计，概要页面主要是一个图表，而收入和支出主要是一个列表。

3. 开发过程

（1）选择概要页面，将概要文字删除，将Android导航拖至页面，替换图标和文字，修改属性、调整整个组件大小。

（2）修改状态栏的填充色为蓝色，概要页面主要为图表，墨刀图表功能弱，简化操作，图表用我们事先准备好的图片代替，调整属性。

（3）选择收入页面，去掉文字，将概要中的 Android 导航组件复制粘贴在收入页面，修改状态栏的填充色。下面依次输入文字"收入汇总""11000.00"，画直线，修改颜色、粗细为 2，输入文字"工资"，上传图片、输入文字"10000.00"元，复制直线，将工资、图片等组合，复制粘贴，将复制后的打散，修改数据为实际所需，最后将内置组件中的悬浮按钮拖至页面。

（4）支出页面与收入页面类似，选择支出页面，删除文字，将收入中的组件按 < shift > 键依次选取复制粘贴至支出页面，按实际数据修改支出页面。

注意：图表在墨刀中目前还没有比较好的方法，本案例中的饼图可使用其他软件制作，然后切图粘贴至墨刀。

1.4.5 类别管理原型设计

1. 开发任务单

任务概况	任务描述	设计类别管理原型		
	参与人员			
	所属产品	记账本 APP	开始时间	
	所属模块	原型设计	结束时间	
	任务类型	设计	预计工时	1 小时
	任务编号	DEV－01－005	实际工时	
任务要求	（1）根据用户需求，使用墨刀原型工具设计类别管理页面原型。 （2）根据用户需求，使用墨刀原型工具设计侧滑页	用户故事/界面原型		
验收标准	（1）满足用户需求。 （2）结构清晰，用户体验好。 （3）有一定的视觉美感			

2. 开发任务解析

类别管理实现收入、消费类别列表及增加按钮，侧滑页由图片完成。

3. 开发过程

（1）新建类别管理页面，使用新方法利用矩形、文字完成标题栏，修改状态栏颜色。

（2）拖动矩形、输入文字收入类别，修改颜色。

（3）将悬浮按钮拖入页面，修改其颜色。

（4）复制收入中工资图标至类别页面，输入文字"工资"，选中图标及工资，复制粘贴，修改文字，图标这里就不做修改了。

（5）按住<shift>键依次选中组件，复制粘贴，修改文字，图标这里也不做修改。

（6）新建侧滑页页面，将图片上传，调整大小完成侧滑页。

1.4.6 原型的交互设计

1. 开发任务单

任务概况	任务描述	原型的交互设计		
	参与人员			
	所属产品	记账本 APP	开始时间	
	所属模块	原型设计	结束时间	
	任务类型	设计	预计工时	1.5 小时
	任务编号	DEV－01－006	实际工时	
任务要求	（1）实现概要收入支出页面左侧按钮与侧滑页的交互。 （2）实现侧滑页设置菜单与类别管理页面的交互。 （3）实现类别管理增加按钮弹出对话框的交互设计	用户故事/界面原型		
验收标准	（1）满足用户需求。 （2）结构清晰，用户体验好。 （3）有一定的视觉美感			

2. 开发任务解析

实现概要页面与侧滑页，类别管理增加按钮与对话框的交互设计。

3. 开发过程

（1）选择概要页面，将内置组件中的链接区域拖至左上角图标，扩大单击区域，添加事件，单击、跳转页面。

（2）动效选择左抽屉，运行查看效果，调整侧滑页大小。

（3）选择类别管理页面，将内置组件中的确认弹窗拖至页面，修改标题为"收入类别"，将按钮改为"取消"和"确认"。

（4）添加新状态，首先选中默认状态，设置弹出窗的透明度为零。

（5）选择收入类别的增加按钮，添加事件，选择"单击"，行为为"切换页面状态"，选择状态2，将链接区域组件拖至确认按钮。

（6）再次选择状态2，选择确认按钮添加事件，选择"单击"，行为为"切换页面状态"，目标为"默认状态"。

1.4.7 挑战任务

1. 一星挑战任务：引导页原型设计

任务概况	任务描述	设计引导页原型		
	参与人员			
	所属产品	记账本 APP	开始时间	
	所属模块	原型设计	结束时间	
	任务类型	设计	预计工时	30 分钟
	任务编号	DEV－01－007	实际工时	
任务要求	(1) 根据用户需求，使用墨刀原型工具设计引导页。 (2) 实现单击"进入"按钮的页面跳转	用户故事/界面原型		
验收标准	(1) 满足用户需求。 (2) 结构清晰，用户体验好。 (3) 有一定的视觉美感			

2. 二星挑战任务：收入增加原型交互设计

任务概况	任务描述	设计收入增加按钮与弹出对话框的交互		
	参与人员			
	所属产品	记账本 APP	开始时间	
	所属模块	原型设计	结束时间	
	任务类型	设计	预计工时	2 小时
	任务编号	DEV－01－008	实际工时	
任务要求	(1) 根据用户需求，使用墨刀原型工具设计收入页面原型。 (2) 实现收入页面增加按钮弹出对话框的交互设计	用户故事/界面原型		
验收标准	(1) 满足用户需求。 (2) 结构清晰，用户体验好。 (3) 有一定的视觉美感			

3. 三星挑战任务：仿微信底部导航栏原型设计

任务概况	任务描述	设计仿微信底部导航栏原型		
	参与人员			
	所属产品	记账本 APP	开始时间	
	所属模块	原型设计	结束时间	
	任务类型	设计	预计工时	2 小时
	任务编号	DEV－01－009	实际工时	
任务要求	（1）根据用户需求，使用墨刀原型工具设计仿微信底部导航栏原型。 （2）实现底部导航栏首页、通信录、朋友、设置的页面切换	用户故事/界面原型		
验收标准	（1）满足用户需求。 （2）结构清晰，用户体验好。 （3）有一定的视觉美感			

本章小结

本章主要介绍了项目开发流程、项目的需求分析以及原型设计；讲解了使用在线工具墨刀设计记账本 APP 各页面原型的方法。对于墨刀的内置组件、页面间交互设计要熟练掌握，并能够根据需求设计出界面美观、沟通方便的原型。

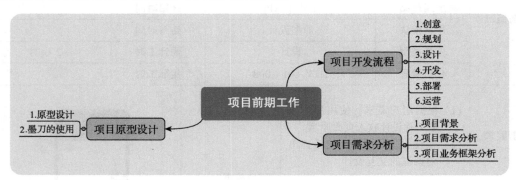

第 2 章　揭开 Android 的神秘面纱

小猿做介绍

　　Android 是一个以 Linux 为基础的开源操作系统,主要用于手机和平板电脑等移动设备。开发 Android 应用程序首先要熟悉开发环境,所谓工欲善其事,必先利其器,Android Studio 是 Android 开发的必备工具,它提供了集成的 Android 开发和调试环境。

　　Android SDK 是 Android 专属的软件开发工具包,是为开发 Android 项目提供的软件包、软件框架、硬件平台、操作系统等开发工具的集合,adb 是 Android SDK 里的一个工具,全称为 Android Debug Bridge(Android 调试桥),用这个工具可以直接操作管理 Android 模拟器或者其他 Android 设备。下面就一起认识一下这些工具吧!

小猿发布任务

　　创建记账本项目。

小猿做培训

程序员的工作效率和理解力

　　对于应用级程序员来说,评价的标准有三个,其一是是否具有较高的工作效率;其二是是否具有良好的代码结构;其三是是否具有较强的理解能力。通常应用级程序员的工作任务集中在具体业务逻辑的实现上,工作任务通常比较多,内容也相对比较杂,所以应用级程序员的工作压力还是比较大的。

　　一个优秀的应用级程序员通常需要具备丰富的知识结构,同时通过大量的实际项目来锻炼其开发能力。开发团队的整体氛围对于应用级程序员的成长具有重要的影响,"老带新"的培养方式能够让应用级程序员快速成长。按照历史经验来看,优秀的应用级程序员通常能够胜任多个不同的开发角色。

2.1 Android 简介

Android 一词的本义指"机器人",同时也是谷歌于 2007 年 11 月 5 日宣布的基于 Linux 平台的开源手机操作系统的名称。

2.1.1 Android 系统架构

Android 的系统架构和其操作系统一样,采用了分层的架构。从架构图看,Android 分为四个层,从高层到低层分别是应用层、应用框架层、系统运行库层和 Linux 内核层。

1. Linux 内核层

Android 系统是基于 Linux 2.6 内核的,这一层为 Android 设备的各种硬件提供了底层的驱动,如显示驱动、音频驱动、照相机驱动、蓝牙驱动、WIFI 驱动、电源管理等。

2. 系统运行库层

这一层通过一些 C/C++库来为 Android 系统提供主要的特性支持,如 SQLite 库提供了数据库的支持,openGL|ES 提供了 3D 绘图的支持库,也提供了浏览器内核的支持。

在这一层,还有 Android 运行时库,它主要提供了一些核心库,能够允许开发者使用 JAVA 语言编写 Android 应用程序,另外,Android 运行时库还包含了 Dalvik 虚拟机,它使得每一个 Android 应用都能够运行在独立的进程当中,拥有一个自己的虚拟机实例。Dalvik 是专门为移动设备制定的,它针对手机内存、CPU 性能有限等情况做了优化处理。

3. 应用框架层

这一层主要提供构建应用程序时可能用到的各种 API,Android 自带的一些核心应用,就是使用这些 API 完成的,开发者也可以通过使用这些 API 来构建自己的应用程序。

4. 应用层

所有安装在手机上的应用程序都是属于这一层的,比如系统自带的联系人、短信等程序,或者是从 Google Play 上下载的小游戏,还包括自己开发的 Android 应用程序。结合图 2-1 会理解得更加深刻。

2.1.2 Android 已发布的版本

2008 年 9 月,谷歌正式发布了 Android1.0 系统,这是 Android 系统最早的版本,随后的几年,谷歌以惊人的速度,不断地更新 Android 系统。表2-1列出了谷歌发布的 4.0 后的 Android 系统版本,以及其对应的 API。本书所有的案例都是基于 API level 28 编写的。

第 2 章 揭开 Android 的神秘面纱

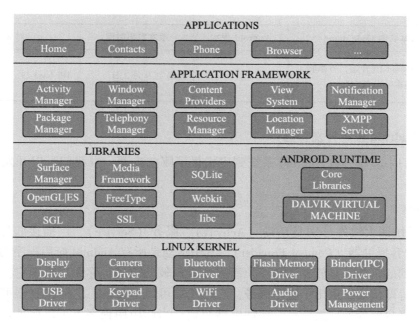

图 2-1 Android 系统架构

表 2-1 Android 主要的系统版本号

Android 版本名称 Code name	Android 版本	版本发布时间	对应 API
Ice Cream Sandwich	4.0.1 – 4.0.2	2011 年 10 月 19 日	API level 14，NDK 7
Ice Cream Sandwich	4.0.3 – 4.0.4	2012 年 2 月 6 日	API level 15，NDK 8
Jelly Bean	4.1	2012 年 6 月 28 日	API level 16
Jelly Bean	4.1.1	2012 年 6 月 28 日	API level 16
Jelly Bean	4.2–4.2.2	2012 年 11 月	API level 17
Jelly Bean	4.3	2013 年 7 月	API level 18
KitKat	4.4	2013 年 7 月 24 日	API level 19
Kitkat Watch	4.4W	2014 年 6 月	API level 20
Lollipop（Android L）	5.0/5.1	2014 年 6 月 25 日	API level 21/API level 22
Marshmallow（Android M）	6.0	2015 年 5 月 28 日	API level 23
Nougat（Android N）	7.0	2016 年 5 月 18 日	API level 24
Nougat（Android N）	7.1	2016 年 12 月	API level 25
Oreo（Android O）	8.0	2017 年 8 月 22 日	API level 26
Oreo（Android O）	8.1	2017 年 12 月 5 日	API level 27
Pie（Android P）	9.0	2018 年 8 月 7 日	API level 28

（续）

Android 版本名称 Code name	Android 版本	版本发布时间	对应 API
Android Q（从 Android 10 开始，谷歌将不再使用甜点作为版本号的名字）	10	2019年9月3日	API level 29

2.1.3　Android 应用开发特色

接下来我们一起看一看 Android 系统到底提供了哪些东西，供我们可以开发出优秀的应用程序。

1. 四大组件

Android 系统四大组件分别是活动（Activity）、服务（Service）、广播接收器（Broadcast Receiver）和内容提供器（Content Provider），其中活动是所有 Android 应用程序的界面，凡是应用程序中看到的东西都是放在活动中；而服务就比较低调了，你无法看到它，它会一直在后台默默运行，即使用户退出了应用服务，它仍然是可以运行的；广播接收器可以允许你的应用程序接收来自各处的广播消息，比如电话短信，当然应用程序也可以向外发布广播；内容提供器则为应用程序之间共享数据提供了可能，比如你想要读取系统电话薄的联系人，就需要通过内容提供器来实现。

2. 丰富的系统控件

Android 系统为开发者提供了丰富的系统控件，使得我们可以很轻松地编写出漂亮的界面，如果你不满足于系统自带的控件效果，也可以定制属于自己的控件。

3. SQLite 数据库

Android 系统还自带了轻量级运算、速度极快的嵌入式关系型数据库，它不仅支持标准的 SQL 语法，还可以通过 Android 封装好的 API 进行操作，让存储和读取数据变得非常方便。

4. 地理位置定位

移动设备和 PC 相比起来，地理位置定位功能应该可以算是很大的一个亮点。现在的智能手机内部都自有 GPS，走到哪儿都可以定位到自己的位置，发挥想象可以做出创意十足的应用，再加上强大的地图功能，LBS（基于位置的服务）这一领域潜力无限。

5. 强大的多媒体

Android 系统提供了丰富的多媒体服务，如音乐、视频、录音、拍照、闹铃等等，这一切都可以在程序代码中通过代码进行控制，让应用变得丰富多彩。

6. 传感器

Android 手机中都会内置多种传感器，如加速度传感器、方向传感器，这也是移动设备的特点。通过灵活地使用这些传感器，可以做出很多在 PC 上根本无法实现的应用。

既然 Android 这样出色的给我们提供了这么丰富的工具，你还担心做不出优秀的应用吗？接下来我们开始真正的开发之旅，那我们开始启程吧！

2.2 Android Studio 开发环境搭建

在进行 Android 开发之前,需要搭建开发环境,Android 应用开发需要安装 Android Studio 和 Android SDK,Android Studio 是谷歌开发的一款开发 Android 应用程序的 IDE,基于流行的集成开发环境 IntelliJ IDEA 搭建而成,谷歌官方将逐步放弃对原来主要的 Eclipse ADT 的支持,并为 Eclipse 用户提供工程迁移的解决方案。因此,搭建 Android 开发环境,只需要安装 Android Studio 和 Android SDK 即可。

2.2.1 Android Studio 的下载、安装与配置

要下载 Android Studio,可以在 Android 的官网 https://developer.Android.google.cn/去下载最新的版本,进入下载列表,下载和操作系统对应的安装文件,下载列表如图 2-2 所示。

Platform	Android Studio package	Size	SHA-256 checksum
Windows (64-bit)	android-studio-ide-191.6010548-windows.exe Recommended	718 MB	58b3728fc414602e17fd9827e5ad0c969e5942aff1ee82964eedf1686450265b
	android-studio-ide-191.6010548-windows.zip No .exe installer	721 MB	d88d640b3444f0267d1900710911ca350db6ca27d07466039e25caf515d909fe
Windows (32-bit)	android-studio-ide-191.6010548-windows32.zip No .exe installer	721 MB	2786400eb2f5d9ccbe143fe02d4e711915c83f95a335e609a890e897775195b7
Mac (64-bit)	android-studio-ide-191.6010548-mac.dmg	733 MB	6cb545c07ab4880513f47575779be7ae53a2de935435f8f22eb736ef72ecdf6e

图 2-2 Android Studio 下载列表

Android Studio 安装文件下载完成后,双击安装文件,出现安装向导界面,如图 2-3 所示。连续单击"Next"按钮,会出现保存 Android Studio 安装路径的窗口,在窗口中选择保存路径,如图 2-4 所示。继续单击"Next"按钮,完成 Android Studio 的安装。

图 2-3 安装向导界面

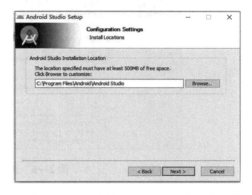

图 2-4 设置 Android Studio 存放路径

2.2.2 在 Android Studio 中下载 SDK

安装完 Android Studio,接下来会自动下载和安装 Android SDK,连续单击"Next"按钮,会弹出如图 2-5 所示的窗口,在该窗口中设置存放 SDK 的路径,继续单击"Next"按钮,

完成 Android SDK 的下载和安装。

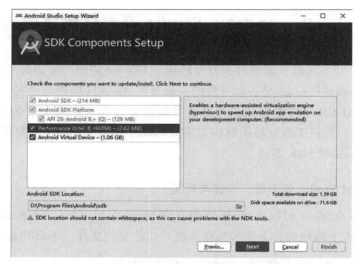

图 2-5　设置 Android SDK 存放路径

2.2.3　模拟器的创建

开发 Android 应用程序时，可以使用真实的 Android 设备调试。但是如果需要开发一款能够适配多个 Android 版本及屏幕分辨率的应用，那么使用真机调试就成了一个大问题，因为普通开发者通常无法获取多种不同类型的设备，这时可以使用模拟器来测试。

使用 Android 模拟器，首先单击 Android Studio 工具栏中的"AVD Manager　"按钮。弹出"Android Virtual Device Manager"对话框，如图 2-6 所示。

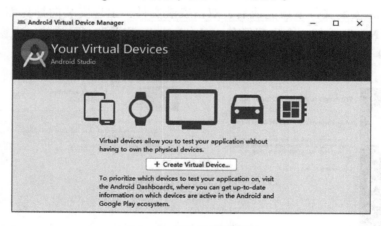

图 2-6　添加选择模拟器

单击"Create Virtual Device"按钮。弹出如图 2-7 所示的对话框。选择一种设备型号，以此型号来创建模拟器。

在设备型号选择界面可以选择设备的类型、屏幕大小与分辨率等，具体如下：Category，选择创建设备的类型，包括 TV、Wearos、Phone 和 Tablet；Name，手机型号名称；Size，屏幕大小；Resolution，屏幕分辨率；Density，屏幕密度。

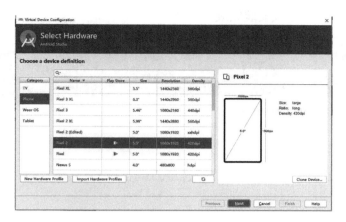

图 2-7　选择设备型号

> **注意**：此处只是选择型号对应的硬件条件。它不会选择该设备在发布时搭载的系统镜像。本书选择 Pixel 2 型号进行模拟器创建。

单击"Next"按钮，弹出如图 2-8 所示的对话框。在"Recommended"选项卡中选择一款需要的系统镜像搭载到模拟器中。选项卡每列所描述的内容如下：

- Release Name——版本名称。
- APILevel——API 级别。
- ABI——模拟的 CPU 类型。
- Target——该服务版本搭载的 Android 版本。

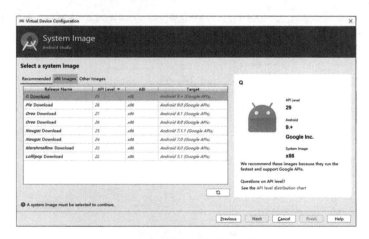

图 2-8　选择系统镜像文件

> **注意**：安卓模拟器实际上是在架构上运行一个 AR 虚拟机，为了提高模拟器性能，英特尔后来推出了针对 Intel x86 CPU 的镜像。本书默认选安卓 9.0 版本的 API。

单击"Release Name"后面的"Download"按钮，弹出"SDK Quickfix Installation"对话

框,如图 2-9 所示,等待下载安装完成。

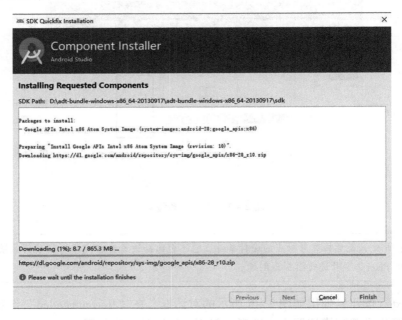

图 2-9　下载 System Image 并安装

下载完毕后,单击"Finish"按钮,然后选中之前下载完成的 API,单击"Next"按钮,弹出如图 2-10 所示的对话框。

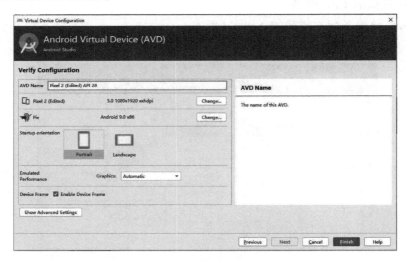

图 2-10　完成创建

单击"Finish"按钮。完成 AVD 的创建并弹出如图 2-11 所示的对话框。单击运行按钮启动模拟器。

模拟器启动后的界面如图 2-12 所示。

模拟器启动后,即可直接运行编写好的 Android 应用程序。应用程序运行出现如图 2-13 所示的设备选择界面,可以看到已启动的模拟器。选择并单击"OK"按钮运行应用程序。

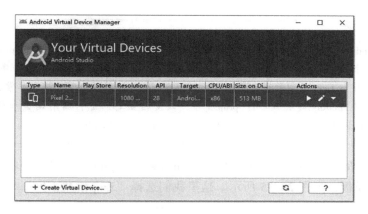

图 2 – 11　模拟器选择界面

图 2 – 12　模拟器启动后的界面

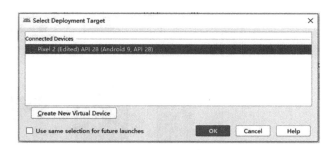

图 2 – 13　选择设备

2.3　【案例】开发第一个 Android 程序

本节将指导完成第一个 Android 应用程序的编写，并以此为例介绍 Android 项目的结构。

启动 Android Studio，弹出"Welcome to Android Studio"窗口。单击"Start a new Android Studio project"选项。创建一个新的 Android Studio 工程项目，如图 2 – 14 所示。

图 2 – 14　创建 Android Studio project

注意：Android Studio 中的 project 项目与 Eclipse 中的工作空间类似。在一个 project 项目中可以创建多个 Module 模块，每个 Module 模块对应一个独立的可执行的应用程序或公共类库。Module 模块与 Eclipse 中的项目类似。Android Studio 的这种项目管理模式非常方便，可以将许多相关的 Module 建在同一个 project 中，以便相互之间进行调用调试和切换。通常在 Android Studio 中创建一个 project 会同时创建一个默认的 Module。

弹出"Create New Project"窗口，出现"Choose your project"界面，在该界面中选择合适的 activity 样式模板，如图 2-15 所示。这里我们选择"Empty Activity"。

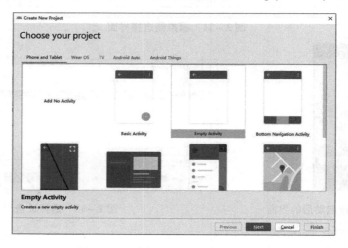

图 2-15 选择 "activity" 样式模板

单击"Next"按钮，出现"Config your project"界面，在该界面中，输入项目应用名（"FirstApp"），公司域（"net. hnjdzy. examples. chapter 02"），指定应用存放目录、最小 API 版本，这里我们指定最小 API 为 5.0 版本，如图 2-16 所示。

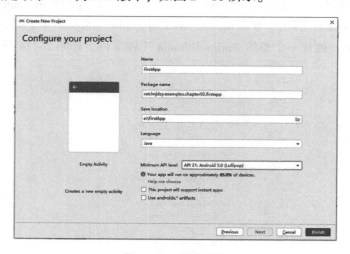

图 2-16 配置项目

单击"Finish"按钮。完成"Android Studio"工程项目的创建过程。

在 Android Studio 顶部菜单栏中，单击"运行"按钮。运行 FirstApp 项目。如图 2 – 17 所示。

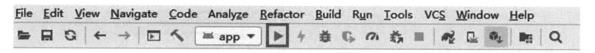

图 2 – 17　运行第一个 Android 项目

此时，会出现运行目标的选择对话框。如图 2 – 18 所示，系统会列出所有已连接的 Android 设备。选择所需要的 Android 设备，并单击"OK"按钮，系统会将项目发送到该设备上，进行安装并运行。

项目运行结果，如图 2 – 19 所示。

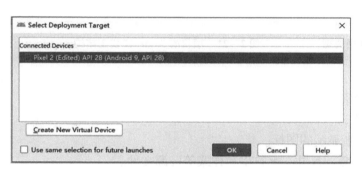

图 2 – 18　选择正在运行的 Android 设备　　　　图 2 – 19　第一个安卓程序运行结果

2.4　Android 应用程序框架

通过第一个 Android 应用程序，分析一下 Android 应用程序的结构。在 Android Studio 中提供了多种项目视图类型，有 Android 视图、Project 视图、Package 视图等，如图 2 – 20 所示。本节主要介绍 Android 视图下的项目结构，如图 2 – 21 所示。

在 Android 视图下，项目结构如下所示：

（1）app：包含各种可用来生成 App 的文件。

app 目录包含以下内容：

1）manifests 目录：目录中有文件 AndroidManifest.xml，它是 Android 应用程序的声明文件，包含 Android 系统运行 Android 程序前所必须掌握的重要信息。其中包含应用程序名称、图标、包名称、模块组成、授权和 SDK 最低版本要求等。每个 Android 程序必须包含一个该文件。

2）java 目录：用于存放程序文件和测试用的程序文件。

3）res 目录：用于存放各类的资源文件。

图 2-20 Android Studio 项目视图类型

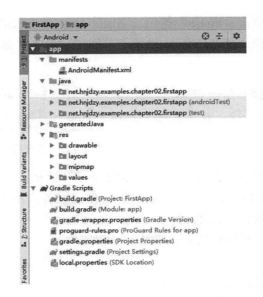

图 2-21 项目的 Android 视图结构

res 目录包含以下内容。
- drawable 子目录：存放图形文件。
- layout 子目录：存放布局文件。
- mipmap 子目录：存放需要清晰显示的图标。
- values 子目录：存放数组、颜色、尺寸、字符串和样式等资源文件。

（2）Gradle Scripts：包含所有与 Build App 有关的各种 Gradle 文件。

1）build.gradle（Project：FirstApp）：有关整个项目的 Gradle 配置文件。

2）build.gradle（Module：app）：app 模块的 Gradle 配置文件。

2.5　ADB 介绍以及常用的命令

ADB 全称为 Android Debug Bridge（中文翻译为 Android 调试桥），是 Android SDK 里的一个工具，用这个工具可以直接操作管理 Android 模拟器或者其他 Android 设备，比如 Android 手机、电视机顶盒、车载影音。通过 adb 命令，我们可以快速地与 Android 设备交互，比如安装、卸载软件，推送和下载文件。

2.5.1　执行 adb 命令

要使用 Android adb 命令，可以在 pc 端按下 windows 键和 <R> 键，输入"cmd"，弹出命令窗口，在弹出的窗口输入命令行，即可执行 adb 命令。Android Studio 也继承了 adb 命令工具，打开"terminal"窗口就可输入 adb 命令，"terminal"窗口如图 2-22 所示。Android Studio 中的"Terminal"窗口原理上就是使用 Windows 中的 cmd 控制台。如果"Terminal"窗口没有显示出来，可以通过"View"菜单中的"Tool Windows"子菜单的"Terminal"命令打开，打开方式如图2-23所示。

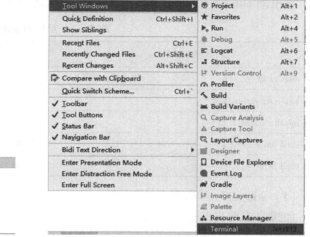

图2-22 Android Studio 的"Terminal"窗口　　图2-23 打开"Terminal"窗口

2.5.2 配置 adb 环境变量

如果我们直接在 Terminal 窗口输入 adb 命令会报错，那是因为系统不知道在哪里去执行命令，必须要先对 adb 进行环境变量的配置。

配置环境变量，要经过以下步骤：

（1）打开 SDK 所在的目录，在 SDK 的 platform-tools 目录中找到 adb.exe，复制其所在的路径；

（2）鼠标右键单击"我的电脑"，在弹出的快捷菜单中选择属性，弹出系统对话框；

（3）单击"高级系统设置"按钮，弹出系统属性对话框，在对话框中单击"环境变量"按钮，弹出"环境变量设置"对话框；

（4）在系统变量列表中选择"path"，单击"编辑"按钮，弹出"编辑环境变量"对话框，单击"新建"按钮，将刚才复制的路径粘贴进去，依次单击"确定"按钮，顺序关掉以上对话框。

我们设置好 adb 环境变量，就可以在命令窗口执行 adb 命令了。

2.5.3 文件浏览器窗口

Android Studio 的 Device File Explore（文件浏览器）窗口可以查看连接 adb 的设备和模拟器，可以浏览模拟器的文件目录结构。文件浏览器窗口如图2-24所示。打开该窗口有两种方法。

第一种：主窗口的右下角，单击"Device File Explore"后直接打开；

第二种：通过工具栏打开，依次选择"View"→"Tool Windows"→"Device File Explore"命令，即可打开该窗口。

2.5.4 常用的 adb 命令

常用的 adb 命令见表 2-2，下面具体介绍这些命令的使用方法。

表 2-2 常用的 adb 命令

adb 命令	功　能
adb devices 命令	显示设备列表
adb kill/start-server 命令	Adb 服务关闭/启动
adb install /uninstall 命令	Adb 安装/卸载
adb shell am start 命令	在设备运行 adb 命令
adb shell 命令	Linux shell 命令

（1）adb devices 命令。

如果要查看当前连接的模拟器或者 Android 设备的信息，可以使用该命令。执行该命令的效果如图 2-24 所示。可以看到当前连接两个模拟器和一个设备。从 Android Studio 的文件浏览窗口中也可以看到当前连接两个模拟器和一个设备，如图 2-25 所示。

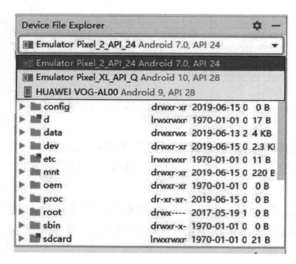

图 2-24　adb devices 命令执行结果

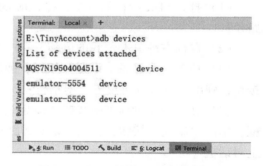

图 2-25　文件浏览窗口的设备信息

（2）adb start/kill-server 命令。

模拟器运行一段时间后，adb 服务有可能会出现异常，这时需要重新关闭和启动 adb 服务，执行"adb start-server"会开启 adb 服务，如图 2-26 所示。执行"adb kill-server"命令后会关闭 adb 服务（adb 关闭服务后，Android Studio 等待几秒后会自动重启 adb 服务），如图 2-27 所示。

图 2-26　执行"adb start-server"命令

图 2-27　执行"adb kill-server"命令

(3) adb install/uninstall 命令。

如果当前没有项目程序，只有 apk 文件（apk 文件是 Android 应用程序的发行包，相当于 Windows 的 exe 文件），那么可以用 adb install 命令将 apk 文件安装到模拟器上，再到模拟器上运行 Android 应用程序。如果模拟器中有相同包名的应用程序，可以使用 r 参数覆盖安装，如果当前连接多个模拟器，使用 adb install 命令会报错，需要 s 参数指定在哪个模拟器上安装，图 2-28 指定在 5556 模拟器上安装应用程序。

如果要从设备删除应用程序，用"adb uninstall"命令。要注意的是，删除的应用程序要用项目包名，不能用 apk 文件名。"adb uninstall"命令的使用如图 2-29 所示。

图 2-28 执行"adb install"命令

图 2-29 执行"adb uninstall"命令

(4) adb shell am start 命令。

要启动模拟器上的应用，可以使用该命令，如图 2-30 所示。命令的后面是包名和类的全名，其中 s 参数指定运行程序的模拟器。

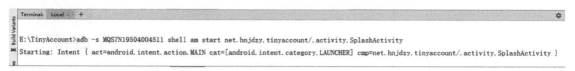

图 2-30 执行 adb shell am start

(5) adb shell 命令。

该命令是和文件操作相关的命令，我们常用的"adb shell"命令有"ls""mkdir""rm"等命令，表 2-3 列出了 adb shell 的部分命令。

表 2-3 adb shell 常用的命令

子命令	参　　数	说　　明
ls	[-a] [-i] [-l] [-n] [-s]	列出目录内容 -a：列出所有文件，包括隐藏文件 -i：输出文件的 i 节点的索引信息 -l 列出文件的详细信息 -n：用数字的 GUID 代替名称 -s：输出该文件的大小
mkdir	-p, -parents	创建目录 -p, -parents：递归创建目录
touch	touch < file >	创建文件

(续)

子命令	参 数	说 明
rm	rm [-f\	-i] [-dr] file	删除文件 -f：强制删除文件，系统不提示 -i：交互式删除，删除前提示 -d：改变硬连接数据删成0，删除该文件 -r：强制删除文件夹包括里面的文件
rmdir	rmdir [-p] directory	删除目录 -p：递归删除目录，只能删除空目录
mv	mv [-fi] source target	移动文件（相当于剪切） -f：强制移动，若文件已经存在目标则直接覆盖 -i：若目标文件已经存在，会询问是否覆盖

2.6 【项目实战】

2.6.1 创建记账本项目

1. 开发任务单

任务概况	任务描述	创建记账本项目		
	参与人员			
	所属产品	记账本 APP	开始时间	
	所属模块	用户管理	结束时间	
	任务类型	开发	预计工时	0.5 小时
	任务编号	DEV-02-001	实际工时	
任务要求	（1）在 Android Studio 中创建记账本项目。 （2）在程序主界面显示记账本字样	用户故事/创建记账本项目		
验收标准	（1）满足用户需求，功能达标。 （2）结构清晰，阅读性好。 （3）代码编写规范，无 bug			

2. 开发任务解析

在 Android Studio 中，创建项目 TinyAccount。修改首页对应的布局文件，将"Hello world！"修改成"记账本"字样，并将"记账本"字符串保存在 string.xml 中。

3. 开发过程

1）启动 Android Studio，弹出"Welcome to Android Studio"窗口。单击"Start a new Android Studio project"选项。创建一个新的 Android Studio 工程项目。如图2-31 所示。

2）弹出"Create New Project"窗口。出现"Choose your project"界面，在该界面中选择合适的 activity 样式模板，如图2-32 所示。这里我们选择"Empty Activity"。

3）单击"Next"按钮，出现"Config your project"界面，在该界面中，输入项目

图2-31　创建 Android Studio project

应用名（"TinyAccount"），公司域（"net. Hnjdzy. tinyaccount"），指定应用存放目录、最小 API 版本，这里我们指定最小 API 为 5.0 版本，如图2-33 所示。

图2-32　选择 activity 样式模板

图2-33　配置项目

单击"Finish"按钮，完成 Android Studio 工程项目的创建过程。

4）在 Android Studio 顶部菜单栏中，单击运行按钮。运行 TinyAccount 项目。如图2-34 所示。

图2-34　运行第一个 Android 项目

此时，会出现运行目标的选择对话框。如图2-35 所示，系统会列出所有已连接的 Android 设备。选择所需要的 Android 设备，并单击"OK"按钮，系统会将项目发送到该设备

上，进行安装并运行。项目运行结果如图 2-36 所示。

图 2-35 选择正在运行的 Android 设备

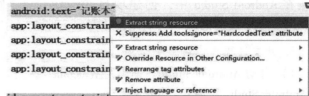

图 2-36 项目运行结果

5) 修改首页文字，将"Hello world!"修改成"记账本"字样，并将"记账本"字符串保存在 string.xml 中。

➢ 打开 layout 目录下的 activity_mai.xml 文件，将 TextView 标签下的 Android：text 属性由"Hello world!"修改成"记账本"。

```
<TextView
    android:layout_width = "wrap_content"
    android:layout_height = "wrap_content"
    android:text = "记账本"
    app:layout_constraintBottom_toBottomOf = "parent"
    app:layout_constraintLeft_toLeftOf = "parent"
    app:layout_constraintRight_toRightOf = "parent"
    app:layout_constraintTop_toTopOf = "parent" />
```

➢ 选中"记账本"字符串，按住 < Alt + Enter > 组合键，在弹出的对话框中，选择 Extract string resource 命令，如图 2-37 所示，弹出 Extract Resource 对话框，对话框如图 2-38 所示。在 Resource Name 标签中输入 TinyAccount，单击 ok 按钮，关闭对话框，保存字符串。保存字符串后，原来的 text 属性值变为 Android：text = " @ string/TinyAccount"。

6) 再次运行项目主界面显示"记账本"字样。项目运行效果如图 2-39 所示。

图 2-37 提取字符串对话框菜单　　图 2-38 提取字符串资源　　图 2-39 修改字符串的效果

2.6.2 挑战任务

一星挑战任务：创建个人健康 APP

任务概况	任务描述	创建个人健康 APP		
	参与人员			
	所属产品	个人健康 APP	开始时间	
	所属模块	用户管理	结束时间	
	任务类型	开发	预计工时	0.5 小时
	任务编号	DEV-02-002	实际工时	
任务要求	(1) 在 Android Studio 创建个人健康 APP。 (2) 在主界面中显示我的健康。 (3) 正确创建和保存字符串资源	用户故事/ 个人健康 APP		
验收标准	(1) 满足用户需求，功能达标。 (2) 结构清晰，阅读性好。 (3) 代码编写规范，无 bug			

本章小结

本章主要介绍了 Android Studio 环境的搭建，主要包括 Android Studio 的下载、安装和配置，以及 SDK 的下载；本章还介绍了在 Android Studio 环境中如何创建模拟器和启动模拟器；完成了第一个 Android 应用程序的编写，分析了在 Android 视图下该项目的结构；介绍了 adb 环境变量的配置和 adb 工具的使用，列举了常用的 adb 命令及命令的使用。本章的主要内容用思维导图总结如下：

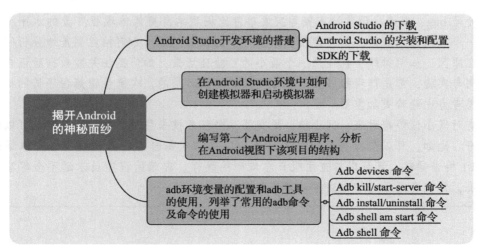

第 3 章 Android UI 设计

小猿做介绍

界面设计是做安卓开发的首要任务,首先由"布局"出场,负责界面中各个组件的"排兵布阵"。布局家族有多个兄弟,他们每个都有各自的特点,兄弟之间可以"合作"完成布局任务。各个组件在"布局"的统领下,各司其职,共同完成工作任务。组件也是"爱美人士",有时她们会请 shape 和 selector 帮忙将自己美化一番。下面就一起认识一下他们吧!

小猿发布任务

记账本中登录、注册、帮助、关于、引导界面的设计。

小猿做培训

程序员的自我修养

处理 bug、崩溃、调优、入侵等突发事件比编程本身更能体现程序员的水平。当面对一个未知的问题时,如何定位复杂条件下的核心问题,如何抽丝剥茧地分析问题的潜在原因,如何排除干扰还原一个最小的可验证场景,如何抓住关键数据验证自己的猜测与实验,都是体现程序员思考力的最好场景。是的,在衡量理想程序员的标准上,思考力比经验更加重要。

有时候小伙伴跑过来,问小猿:提交了一个任务被卡住了怎么办?其实他可以做得更好。比如,可以先检查试验别的任务,以排除代码自身的原因;或者可以通过 Web UI 检查异常;还可以排查主机日志或删除缓存。理想的程序员永远不会等事情被解决,他们会用尽一切方法推动事情前进。

3.1 用户界面基础

3.1.1 用户界面基本要求

1. 手机应用界面要求

手机用户界面设计与传统的桌面应用程序界面设计有所不同,它必须满足以下两点基本要求。

(1) 界面与程序分离。

在实际开发中,手机界面设计者和程序开发者是独立并且并行工作的,这就需要界面设计与程序逻辑完全分离,修改界面不需要改动程序功能实现的逻辑代码。

(2) 自适应手机屏幕。

不同型号手机的屏幕可视参数(如尺寸、长宽比等)各不相同,故手机应用也要能根据不同的屏幕参数,自动调整(自适应)其界面控件的位置和尺寸,构造出符合人机交互规则的用户界面,避免出现凌乱、拥挤的情况。

2. Android 用户界面支持

Android 系统为手机用户界面的开发提供了强有力的支持。在界面设计与程序逻辑分离方面,Android 使用 XML 文件对用户界面进行描述,各种资源文件分门别类地独立保存于各自专有的文件夹中。例如在第 2 章中创建的 MainActivity 所对应的界面布局文件,描述用户界面的源文件 activity_main.xml 存放在 res\layout 文件夹下,而实现程序逻辑的 Java 源文件 MainActivity.java 则存放在 java 目录中,两者是完全分离的(见图 3-1)。

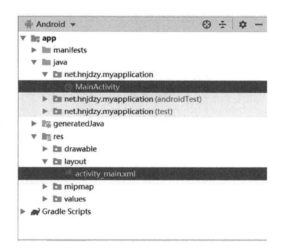

图 3-1 Android 项目文件结构图

3.1.2 View 和 ViewGroup

在 Android 应用中,所有的用户界面都是由 View 和 ViewGroup 的对象构成的。View 是绘制在屏幕上的、用户能与之交互的一个对象。而 ViewGroup 则是一个用于存放其他 View 或者 ViewGroup 对象的布局容器。通常 APP 用户界面上的每一个组件都是使用 View 和 ViewGroup 对象的层次结构来构成的,如图 3-2 所示。

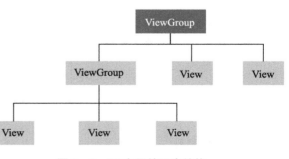

图 3-2 UI 布局的层次结构

3.2 常用基本控件（一）

3.2.1 控件概述

Android 系统的界面控件分为定制控件和系统控件。系统控件是 Android 系统中已经封装好的界面控件，是应用程序开发过程中最常见的功能控件。定制控件是用户独立开发或通过继承并修改系统控件后所产生的新控件，能够提供特殊的功能和显示需求。系统控件更有利于进行快速开发，同时能够使 Android 应用程序的界面保持一定的一致性。

常见的系统控件包括 TextView、EditText、Button、ImageButton、CheckBox、RadioButton、Spinner 和 ListView 等。

1. 控件的表达

在 Android Studio 中，用 XML 文件中的 UI 控件来描述界面控件，其表达形式自然是 XML 的标签，有如下两种写法。

（1）规范表达。

```
<控件名
    控件属性
    …… >
</控件名>
```

```
<TextView
    android:layout_width="wrap_content"
    android:layout_height="wrap_content"
    android:text="Hello World!"
    app:layout_constraintBottom_toBottomOf="parent"
    app:layout_constraintLeft_toLeftOf="parent"
    app:layout_constraintRight_toRightOf="parent"
    app:layout_constraintTop_toTopOf="parent" >
</TextView>
```

（2）简单表达。

```
<控件名
    控件属性
    ……/>
```

```
<TextView
    android:layout_width="wrap_content"
    android:layout_height="wrap_content"
    android:text="Hello World!"
    app:layout_constraintBottom_toBottomOf="parent"
    app:layout_constraintLeft_toLeftOf="parent"
    app:layout_constraintRight_toRightOf="parent"
    app:layout_constraintTop_toTopOf="parent" />
```

2. 控件的属性

在控件标签内可对该控件的属性进行赋值，每个控件可供赋值设置的属性个数和类型都不同，格式如下：

```
<控件名
    android：id = " @ + id/名称"
    android：属性名 1 = " 值 1"
Android：属性名 2 = " 值 2"
……
Android：属性名 n = " 值 n"
/ >
```

 注意：Android 中的控件需要用一个 int 类型的值来表示，这个值也就是控件标签中的 id 属性值。id 属性只能接受资源类型的值，也就是必须以@开头的值。

（1）指定控件标识：Android：id 属性。

Android：id = " @ + id/TextView1"：表示新建立 ID 为 TextView1 的文本框资源，当这个布局文件保存后，系统会自动在 R.java 文件中生成相应的 int 类型变量。

Android：id = " @ id/TextView1"：表示不是新添加的文本框资源，是一个已经存在的资源 id，或者是 Android 系统中已存在的资源 id。

指定控件 id 属性是为了在其后引用该控件，当前界面的所有控件 id 属性的值不能相同。

（2）指定控件的大小：Android：layout_width 设置宽度；
　　　　　　　　　　　　Android：layout_height 设置高度；

这两个属性的取值有三种形式：

➢ wrap_content：控件显示的内容多大，控件就多大。

➢ match_parent/fill_parent：等于父控件的宽度/高度。

➢ 具体的数值：控件的大小就是具体数值的大小。

（3）设置显示的文本内容：Android：text 属性。

通常，项目中是把字符串写到 string.xml 文件中，然后通过@ String/xxx 取得对应的字符串内容的，也可以直接就写到" " 里，但不建议这样写。

（4）指定控件显示字符的大小：Android：textSize 属性。
　　　　　　　　　　　字体大小的单位一般是用 sp。

3. 控件的事件

事件是可以被识别的操作，如按下确定按钮、选择某个单选按钮或者复选框、到达某个时间点等。每一种控件有自己可以识别的事件，如窗体的加载、单击、双击等事件，编辑框（文本框）的文本改变事件等等。

事件可以分为系统事件和用户事件。系统事件由系统激发，如时间每隔 24 小时，银行储户的存款发生变更。用户事件由用户的操作激发，如用户单击按钮，在文本框中输入文本。

Android 支持两种事件处理机制：基于监听的事件处理机制和基于回调的事件处理机制。

在后面学习控件的过程中会逐一演示。

3.2.2 TextView

TextView 是 Android 中最基本的控件，它直接继承自 View，用来向用户显示文本并允许用户编辑它。它有很多子孙类，包括 EditText、Button、DigitalClock、TextClock、CheckBox、RadioButton、Switch 等。

对于 Android 中的控件，除了可以在 XML 文件中设置其属性之外，也可以在 Java 代码中调用它的一系列方法来设置这些属性。所以，这些 XML 属性与 Java 代码中调用的方法是相对应的。TextView 的常用属性见表 3-1。

表 3-1 TextView 的常用属性

XML 属性	对应的方法	说　明
autoText	setKeyListener（KeyListener）	如果设置，则表明这个 TextView 具有一种文本输入法，会自动纠正拼写错误
editable	无	设置是否可编辑
Hint	setHint（int）	文本内容为空时显示的提示信息
Gravity	SetGravity（int）	设置文本框中内容的对齐方式
inputType	setRawInputType（int）	指定文本信息格式，是文字、数字或时间等
lines	SetLines（int）	设置文本为多少行
text	SetText（CharSequence, textView, BufferType）	设置文本内容
textAppearence	无	设置字体外观
textColor	setTextColor（int）	设置字体颜色
textSize	setTextSize（int, float）	设置字体大小

3.2.3 EditText

EditText 继承自 TextView，专门用来进行用户信息的输入。由于是继承 TextView，所以可以说是一个可编辑的 TextView。在使用时，通常先指定用户输入的行数、输入内容的类型、字体外观等。然后在代码中通过 getText（） 方法，即可获取到输入框中输入的内容，但这时得到的是一个 Editable 对象，再调用 toString（） 方法即可得到字符串对象。

由于 EditText 是继承自 TextView 的，所以它的属性与 TextView 的属性基本相同，但它还有几个比较重要的属性。

1. 设置默认提示文本

Android：hint 属性可以设置 EditText 的默认提示信息。如图 3-3 所示，输入用户名的文本框设置提示信息的相关属性如下：

```
<EditText
    android:id = " @ + id/editText"
    android:layout_width = " wrap_content"
    android:layout_height = " wrap_content"
    android:layout_weight = " 1"
    android:hint = " 请输入用户名"
    android:textColorHint = " #95A1AA"
    android:inputType = " textPersonName" />
```

图3-3　输入用户名界面

2. 限制 EditText 输入类型

有时可能需要对输入的数据进行限制，比如输入电话号码的时候，如果输入了一串字母，这不符合用户预期，而限制输入类型可以通过 inputType 属性来实现，如图 3-4 所示。

```
<EditText
    android:id = " @ + id/editText2"
    android:layout_width = " match_parent"
    android:layout_height = " wrap_content"
    android:inputType = " textPassword"
/>
```

常见的 EditText 中 inputType 的类型及作用见表 3-2。

图3-4　输入密码框

表3-2　EditText 中 inputType 的类型及其作用

Android：inputType 属性值	作　　用	Android：inputType 属性值	作　　用
none	输入普通字符	text	输入普通字符
textCapWords	单词首字母大小	textCapSentences	仅第一个字母大小
textAutoCorrect	前两个自动完成	textAutoComplete	前两个自动完成
textMultiLine	多行输入	textUri	URI 格式
textEmailAddress	电子邮件	textEmailSubject	邮件主题格式
textShortMessage	短消息格式	textLongMessage	长消息格式
textPersonName	人名格式	textPostalAddress	邮政格式
textPassword	密码格式	textVisiblePassword	密码可见格式
textWebEditText	网页表单文本	textFilter	文本筛选格式
textPhonetic	拼音输入格式	number	数字格式
phone	拨号键盘	datetime	日期+时间格式

3. 设置最少行，最多行，单行，多行，自动换行

EditText 默认是多行显示的，并且能够自动换行，即当一行显示不完的时候，他会自动换到第二行。可以通过属性对其进行限制，比如：

- 设置最少行的行数。Android：minLines = " 3"。
- 设置 EditText 最大的行数。Android：maxLines = " 3"，当输入内容超过 maxlines，文字会自动向上滚动。
- 限制 EditText 只允许单行输入，而且不会滚动。Android：singleLine = " true"。

3.2.4 Button

Button 是 Android 中的按钮，同样继承自 TextView。按钮在 UI 开发中的使用非常多，常用来响应用户的点击。如果想要在按钮控件上显示图像，可使用 ImageButton 控件（详见 3.5.1 小节）。

使用 Button 时，首先在 XML 中定义按钮的 Text 属性，也就是按钮的名字，然后在代码中定义其点击事件，这样用户在点击时，就会自动运行点击事件的代码段。在编写处理点击事件的代码时，有多种方式，在学习之初，建议大家使用方式一。

- 方式一：按钮注册监听器时直接实现监听接口，即匿名内部类的方式实现。页面只有单个按钮时比较常用。

```
1. public class MainActivity extends Activity implements View.OnClickListener {
2.     private Button button1;
3.     @Override
4.     protected void onCreate(Bundle savedInstanceState) {
5.         super.onCreate(savedInstanceState);
6.         setContentView(R.layout.activity_main);
7.         button1 = findViewById(R.id.button1);//获取按钮1控件
8.         //设置按钮1的监听处理事件
9.         button1.setOnClickListener(new View.OnClickListener() {
10.            @Override
11.            public void onClick(View view) {
12.                ……//处理逻辑
13.            }
14.        });
15.    }
16. }
```

- 方式二：直接在实现 View.OnClickListener 接口，重写 onClick 方法，提供所有按钮监听事件入口。这是实际项目中最常用的方式，尤其在页面有多个按钮的情况下比较适用。

```
1. public class MainActivity extends Activity implements View.OnClickListener {
2.     private Button button1;
3.     private Button button2;
4.     @Override
5.     protected void onCreate(Bundle savedInstanceState) {
6.         super.onCreate(savedInstanceState);
```

```java
7.      setContentView(R.layout.activity_main);
8.      button1 = findViewById(R.id.button1);//获取按钮1控件
9.      button2 = findViewById(R.id.button2);//获取按钮2控件
10.     //注册监听器
11.     button1.setOnClickListener(this);
12.     button2.setOnClickListener(this);
13. }
14. @Override
15. public void onClick(View view) {
16.     switch (view.getId()) {
17.       case R.id.button1:
18.         onClickButton1(view);
19.         break;
20.       case R.id.button2:
21.         onClickButton2(view);
22.         break;
23.       default:
24.         break;
25.     }
26. }
27. private void onClickButton1(View view) {
28.     //处理逻辑
29. }
30. private void onClickButton2(View view) {
31.     //处理逻辑
32. }
33. }
```

> 方式三：在 XML 布局文件中的 OnClick 属性直接注册 Activity 中的处理方法，Activity 中的点击事件处理方法需要 public 方法时，底层会通过反射方式调用。这种方法不好维护，通常不好找按钮对应点击事件处理方法，不建议使用。
> XML 布局文件：

```xml
1. <ImageButton
2.     android:layout_marginTop = "50dp"
3.     android:layout_height = "49dp"
4.     android:layout_width = "55dp"
5.     android:layout_gravity = "center"
6.     android:onClick = "activate"
7. />
```

Activity 中写相应的处理方法，访问权限是 public：

```
9.   public void activate(View v){
10.      //逻辑代码
11.  }
```

3.3 【案例】 体质指数计算器

本节通过一个案例来学习 Android 中 3 个最基本的控件——TextView、EditText 和 Button。界面的效果如图 3-5 所示。

3.3.1 案例描述

身高体重指数概念是由 19 世纪中期的比利时数学家凯特勒最先提出。其计算方式是：体质指数（BMI）= 体重（kg）/身高（m）^{2}。结果参照信息见表 3-3。

图 3-5 体质指数计算器

表 3-3 体质指数计算方法

成年人体质指数			
轻体重 BMI	健康体重 BMI	超重 BMI	肥胖 BMI
BMI < 18.5	18.5 ≤ BMI < 24	24 ≤ BMI < 28	28 ≤ BMI

本案例有 3 个文本框、2 个输入框、2 个按钮。单击"计算"按钮会求出 BMI 指数，单击"取消"按钮会重置 EditText。

3.3.2 案例分析

Android 中的控件都要在 XML 格式的 UI 布局文件中声明。从案例的运行效果图中可以看出，界面中的文本框、输入框和按钮都是依次从上至下进行排列，所以本案例的布局采用线性布局（线性布局的具体内容参见 3.4.2 节）。本案例的实现需要依次完成以下工作：

1. 界面设计

界面中使用线性布局，并通过 Android：orientation = "vertical" 设置布局为垂直方向，然后依次添加身高、体重提示文本和输入框，最后添加按钮。修改控件的属性，主要是设置输入框和按钮的 id，并要修改控件的文本信息。

2. 在 BmiActivity.java 中初始化控件

在 BmiActivity.java 中，首先要获取各个控件，对控件进行初始化。在 Android 编码中，findViewById（int）方法是最常用的方法之一，是通过在 xml 中设置的 id 值来查找控件的。

3. 在 BmiActivity.java 中给按钮添加事件

对各控件进行初始化后，可以给按钮添加点击事件监听器，并根据程序的逻辑来实现案例的功能。

4. 使用 Toast 类实现消息提示框

Toast 是一种很方便的消息提示框，会在屏幕中显示一个消息提示框，没任何按钮，也不会获得焦点，一段时间过后自动消失！最常用的方法是直接调用 Toast 类的 makeText() 方法创建，案例如下：

Toast.makeText（MainActivity.this,"提示的内容"，Toast.LENGTH_LONG）.show();

第 1 个参数是上下文对象，第 2 个是显示的内容，第 3 个是显示的时间，只有 LONG 和 SHORT 两种。在本案例中，用户的体质信息通过 Toast 给出提示。

3.3.3 案例实现

1. 创建包、Activity 并进行布局

在前面创建的 Android 示例工程中新建包 net.hnjdzy.examples.chapter03，并在包中创建 BmiActivity，修改 activity_bmi.xml。

（1）设置最外层为线性布局，设置 Android：orientation = "vertical"；

（2）依次添加"身高"文本框、"身高"输入框、"体重"文本框、"体重"输入框、"计算"按钮和"取消"按钮；

（3）修改各个控件的 ID；

（4）修改各个控件的 Android：text 属性，设置文本框及按钮的 Android：textSize = "30dp"。

activity_bmi.xml 布局文件代码如下：

```
1. <?xml version = "1.0" encoding = "utf-8"?>
2. <LinearLayout xmlns:android = "http://schemas.Android.com/apk/res/Android"
3.     android:layout_width = "match_parent"
4.     android:layout_height = "match_parent"
5.     android:orientation = "vertical" >
6.     <TextView
7.         android:id = "@ + id/tvHeight"
8.         android:layout_width = "wrap_content"
9.         android:layout_height = "wrap_content"
10.        android:textSize = "30dp"
11.        android:text = "身高"
12.    <EditText
13.        android:id = "@ + id/etHeight"
14.        android:layout_width = "match_parent"
15.        android:layout_height = "wrap_content"
16.        android:ems = "10"
17.        android:inputType = "number" />
18.    <TextView
19.        android:id = "@ + id/tvWeight"
20.        android:layout_width = "wrap_content" />
```

```
21.      android:layout_height = "wrap_content"
22.      android:textSize = "30dp"
23.      android:text = "体重" />
24.    <EditText
25.      android:id = "@ +id/etWeight"
26.      android:layout_width = "match_parent"
27.      android:layout_height = "wrap_content"
28.      android:ems = "10"
29.      android:inputType = "number" />
30.    <Button
31.      android:id = "@ +id/btnCalculate"
32.      android:layout_width = "match_parent"
33.      android:layout_height = "wrap_content"
34.      android:textSize = "30dp"
35.      android:text = "计算" />
36.    <Button
37.      android:id = "@ +id/btnCancle"
38.      android:layout_width = "match_parent"
39.      android:layout_height = "wrap_content"
40.      android:textSize = "30dp"
41.      android:text = "取消" />
42.  </LinearLayout>
```

2. 在 BmiActivity.java 中实现程序逻辑

完成布局后，根据程序功能需求编写代码。主要步骤如下：

（1）声明"身高""体重"输入框全局变量，声明"计算""取消"按钮全局变量，声明用于计算的 height 和 weight 变量，并设置初始值为 0；

（2）在 onCreate 方法中初始化"身高""体重"输入框，初始化"计算""取消"按钮

（3）给"计算"按钮添加事件。事件中先对输入框是否为空进行判断，如果为空给出提示信息；接下来判断将输入框中的值赋值给变量；接下来进行计算 BMI 的值，并根据计算结果提出相应提示。

（4）给"取消"按钮添加事件。事件中将"身高"和"体重"输入框清空。

BmiActivity 代码如下：

```
1.  package net.hnjdzy.examples.chapter03;
2.  import Android.support.v7.app.AppCompatActivity;
3.  import Android.os.Bundle;
4.  import Android.view.View;
5.  import Android.widget.Button;
6.  import Android.widget.EditText;
7.  import Android.widget.Toast;
8.  import net.hnjdzy.examples.chapter02.R;
9.  public class BmiActivity extends AppCompatActivity {
```

```
10.    EditText etHeight,etWeight;
11.    Button btnCalculate,btnCancle;
12.    double height = 0;
13.    double weight = 0;
14.    @Override
15.    protected void onCreate(Bundle savedInstanceState) {
16.        super.onCreate(savedInstanceState);
17.        setContentView(R.layout.activity_bmi);
18.        //初始化身高、体重输入框控件、计算和取消按钮
19.        etHeight = (EditText)findViewById(R.id.etHeight);
20.        etWeight = (EditText)findViewById(R.id.etWeight);
21.        btnCalculate = (Button)findViewById(R.id.btnCalculate);
22.        btnCancle = (Button)findViewById(R.id.btnCancle);
23.        //实现计算按钮的点击功能
24.        btnCalculate.setOnClickListener(new View.OnClickListener() {
25.            @Override
26.            public void onClick(View view) {
27.                try{
28.                //身高体重输入判断
29.                if(etHeight.getText() == null||etHeight.getText().toString().trim().equals(""))
30.                {
31.                    etHeight.setError("身高不能为空");
32.                    return;
33.                }
34.                if(etWeight.getText() == null||etWeight.getText().toString().trim().equals(""))
35.                {
36.                    etWeight.setError("体重不能为空");
37.                    return;
38.                }
39.                //将输入的身高体重转化为数字赋值给变量
40.                height = Double.parseDouble(etHeight.getText().toString());
41.                weight = Double.parseDouble(etWeight.getText().toString());
42.                //计算bmi指数
43.                double bmi = weight *10000 /height /height;
44.                //判断指数情况
45.                if(bmi <18)
46.                {
47.                    Toast.makeText(BmiActivity.this, "您的身材偏瘦,请加强营养",
                        Toast.LENGTH_SHORT).show();
48.                }else if(bmi <=25)
49.                {
50.                    Toast.makeText(BmiActivity.this, "您的身材标准,请继续保持",
                        Toast.LENGTH_SHORT).show();
51.                }else
```

```
52.        {
53.            Toast.makeText(BmiActivity.this,"您的身材偏胖,请加强锻炼",
                   Toast.LENGTH_SHORT).show();
54.        }
55.        }catch(NumberFormatException e)
56.        {
57.            Toast.makeText(BmiActivity.this,"身高体重必须是数字",Toast.LENGTH_
                   SHORT).show();
58.            e.printStackTrace();
59.        }
60.    }
61. });
62.
63. //取消按钮的点击功能
64. btnCancle.setOnClickListener(new View.OnClickListener() {
65.     @Override
66.     public void onClick(View view) {
67.         etHeight.setText("");
68.         etWeight.setText("");
69.     }
70. });
71. }
72.}
```

定义控件的方式大多类似,首先声明它的类型,例如是 TextView 还是 Button,然后使用 findViewById（int）方法通过控件的 ID 来索引到它本身,而它本身是在 res/layout/ 下的 UI 布局文件中定义的。例如本案例中的 activity_main 文件,该布局文件中的控件 ID 是在 gen/R.java 文件中定义的,这个文件由系统自动生成,开发者不能更改。只要 XML 布局文件没有错误,系统就可以自动地生成这个 R.java 文件,这时得到的控件是 View 类型,而程序中需要的是其子类型,所以需要一个强制类型转换。至此,就可以在代码中持有了在 XML 布局文件中添加的控件对象,之后就可以使用该控件的各个方法。比如 TextView 可以设置其文本,Button 可以添加点击事件,EditText 可以获得用户输入的内容。

 注意：本案例中把 Height、weight 这些对象定义在了 onCreate 方法外部,这是因为把它们作为该 Activity 类的属性,则在该类不同方法中都可以使用这些对象,与面向对象思想一致。

3.4 常用布局

在前面的 BMI 计算器案例中,所有的控件垂直排列在界面中,他们为什么会垂直排列？还有别的排列方式吗？

界面布局（Layout）是对用户界面结构的描述,定义界面中控件的相互关系。本节开始讲 Android 中的常用布局，分别是：

LinearLayout（线性布局）、RelativeLayout（相对布局）、FrameLayout（帧布局）、TableLayout（表格布局）、ConstraintLayout（约束布局）。

3.4.1 线性布局 LinearLayout

在线性布局中，所有的控件都在垂直或者水平方向按照顺序排列。

1. 属性 Android：orientation 控制方向

垂直排列：设置属性 Android：orientation = "vertical"，如图 3-6a 所示。
水平排列：设置属性 Android：orientation = "horizontal"，如图 3-6b 所示。
默认为水平排列。

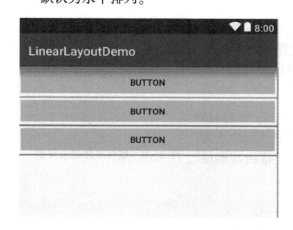
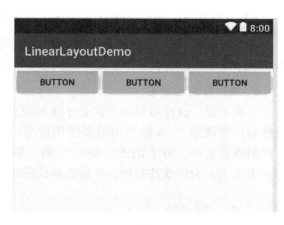

图 3-6 线性布局
a) 垂直排列　b) 水平排列

2. 属性 layout_gravity 和属性 gravity

这两个属性都是用来设置对齐方式的。可选值包括：left/start、right/end、top、bottom、center、center_horizontal 和 center_vertical 等，这些值可以组合使用，中间用"｜"分开即可。两者的使用区别如下：

（1）Android：gravity：是对 view 控件本身来说的，用来设置 view 本身的内容应该显示在 view 的什么位置，默认值是左侧。比如，设置一个 Button 按钮 gravity 属性，则控制的是按钮中文本的显示位置。

（2）Android：layout_gravity：是相对于包含该元素的父元素来说的，设置该元素在父元素的什么位置。比如设置线性布局中一个 Button 按钮 layout_gravity 属性则是控制该按钮在线性布局中的显示位置。

> 思考：如何让一个水平方向线性布局中的两个 Button 控件一个居左，另一个居右？如图 3-7 所示。

图 3-7 两个按钮左右排列

> **注意**：(1) 当 Android：orientation = "vertical" 时，只有水平方向的设置才起作用，垂直方向的设置不起作用，即：left，right，center_horizontal 是生效的。
>
> (2) 当 Android：orientation = "horizontal" 时，只有垂直方向的设置才起作用，水平方向的设置不起作用，即：top，bottom，center_vertical 是生效的。

3. 属性 Android：layout_weight 控制权重

Android：layout_weight 属性规定本控件可继续获得父布局的大小。如果线性布局方向为垂直方向，则 layout_weight 在高度上起效，如果为水平方向，则 layout_weight 在宽度上起效。

通常在界面中，控件是按照 weight 的比例划分父视图的宽度或者高度，实现方法如下：

➢将涉及的 View 的宽度或高度属性设置为 0dp

➢然后设置 Android：weight 为所需比例即可

例如，如果希望三个控件平分高度，就设置 3 个控件的 Android：height 为 0dp，然后设 weight 均为 1 即可。

4. 线性布局的嵌套

一般来说，线性布局需要嵌套才能实现多行布局，例如用线性布局实现图 3-8 的界面需要使用嵌套。整个界面是垂直方向的线性布局，最下面的"提交"和"取消"按钮需要使用一个水平方向的线性布局，界面布局代码如下：

图 3-8 线性布局嵌套案例

```
1. <? xml version = "1.0" encoding = "utf-8"? >
2. <LinearLayout xmlns:android = "http://schemas.Android.com/apk/res/Android"
3.   xmlns:app = "http://schemas.Android.com/apk/res-auto"
4.   xmlns:tools = "http://schemas.Android.com/tools"
5.   android:layout_width = "match_parent"
6.   android:layout_height = "match_parent"
7.   android:orientation = "vertical" >
8.   <TextView
9.     android:id = "@ +id/textView"
10.    android:layout_width = "match_parent"
11.    android:layout_height = "wrap_content"
12.    android:textSize = "20sp"
13.    android:text = "请输入要保存的电话号码" />
14.  <EditText
15.    android:id = "@ +id/editText"
16.    android:layout_width = "match_parent"
17.    android:layout_height = "wrap_content"
18.    android:ems = "10"
19.    android:inputType = "textPersonName"
20.    android:text = "" />
21.  <LinearLayout
```

```
22.     android:layout_width = "match_parent"
23.     android:layout_height = "wrap_content"
24.     android:orientation = "horizontal"
25.     android:gravity = "right" >
26.     <Button
27.       android:id = "@ +id/button12"
28.       android:layout_width = "wrap_content"
29.       android:layout_height = "wrap_content"
30.       android:text = "提交" />
31.     <Button
32.       android:id = "@ +id/button13"
33.       android:layout_width = "wrap_content"
34.       android:layout_height = "wrap_content"
35.       android:text = "取消" />
36.     </LinearLayout>
37. </LinearLayout>
```

3.4.2　相对布局 RelativeLayout

在上一节中我们对 LinearLayout 进行了详细的解析，LinearLayout 是用得比较多的一个布局，我们更多是关注它的 weight（权重）属性，等比例划分、对屏幕适配还是帮助蛮大的。但是使用 LinearLayout 的时候也有一个问题，就是当界面比较复杂的时候，需要嵌套多层 LinearLayout，这样就会降低 UI Render 的效率（渲染速度），但是如果我们使用相对布局 RelativeLayout，可能仅仅需要一层就可以完成。

相对布局是一种非常灵活的布局方式，是通过指定当前控件与对应 ID 值控件的相对位置关系来确定界面中所有控件的布局位置的。

1. 以父组建为参考的相对布局

在相对布局中，可以通过设置控件与父组件之间的关系来进行定位，具体属性见表 3 - 4，各属性所对应的位置如图 3 - 9 所示。

表 3 - 4　相对布局以父组件为参考的属性

XML 属性	说　　明
Android：layout_centerHorizontal	水平居中
Android：layout_centerVertical	垂直居中
Android：layout_centerInparent	相对于父元素完全居中
Android：layout_alignParentBottom	位于父元素的下边缘
Android：layout_alignParentLeft	位于父元素的左边缘
Android：layout_alignParentRight	位于父元素的右边缘
Android：layout_alignParentTop	位于父元素的上边缘

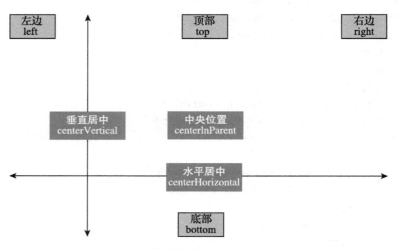

图 3-9　以父组件为参考的相对布局位置

2. 以兄弟组件为参考的相对布局

可以根据兄弟组件的 id 来设置相对位置，属性值必须为 id 的引用名"@id/id – name,"具体属性见表 3-5。

表 3-5　以兄弟组件为参考的属性

XML 属性	说　　明
Android：layout_below	位于元素的下方
Android：layout_above	位于元素的上方
Android：layout_toLeftOf	位于元素的左边
Android：layout_toRightOf	位于元素的右边
Android：layout_alignTop	该元素的上边缘和某元素的上边缘对齐
Android：layout_alignLeft	该元素的左边缘和某元素的左边缘对齐
Android：layout_alignBottom	该元素的下边缘和某元素的下边缘对齐
Android：layout_alignRight	该元素的右边缘和某元素的右边缘对齐

 注意：如图 3-10 所示，图中的组件 1，2 就是兄弟组件，而组件 3 与组件 1 或组件 2 并不是兄弟组件，所以组件 3 不能通过组件 1 或 2 来进行定位，比如 layout_toLeftof = "组件 1" 这样会报错！切记！

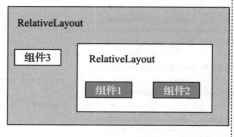

图 3-10　以兄弟组件为参考的相对布局位置

3. margin 和 padding 的设置

layout_margin：指定控件的外边距，也称为偏移，是控件与其他组件之间的边距。

padding：指定控件的内边距，也称为填充，是控件内部元素与控件边界之间的距离。

比如下面的布局中，按钮 1 与相对布局的左侧有 20dp 的距离，使用 margin 设置；按钮 2 与按钮 3 的文本与按钮左侧有 50dp 的距离，使用 padding 设置；按钮 3 与按钮 2 之间垂直方向有 40dp 距离，使用 margin 设置，效果如图 3-11 所示。

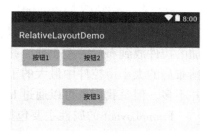

图 3-11　margin 和 padding

```xml
1. <? xml version = "1.0" encoding = "utf-8"? >
2.   < RelativeLayout xmlns: android = " http://schemas.Android.com/apk/res/Android"
3.     android:layout_width = "match_parent"
4.     android:layout_height = "match_parent"
5.     tools:context = ".ThirdActivity" >
6.     < Button
7.       android:id = "@ + id/btn1"
8.       android:layout_width = "wrap_content"
9.       android:layout_height = "wrap_content"
10.      android:layout_alignParentLeft = "true"
11.      android:layout_marginLeft = "20dp"
12.      android:text = "按钮 1" />
13.    < Button
14.      Android:id = "@ + id/btn2"
15.      android:layout_width = "wrap_content"
16.      android:layout_height = "wrap_content"
17.      android:layout_toRightOf = "@ id/btn1"
18.      android:paddingLeft = "50dp"
19.      android:text = "按钮 2" />
20.    < Button
21.      android:id = "@ + id/btn3"
22.      android:layout_width = "wrap_content"
23.      android:layout_height = "wrap_content"
24.      android:layout_below = "@ id/btn2"
25.      android:paddingLeft = "50dp"
26.      android:layout_marginTop = "40dp"
27.      android:layout_alignRight = "@ id/btn2"
28.      android:text = "按钮 3" />
29.  < /RelativeLayout >
```

3.4.3 帧布局 FrameLayout

帧布局（FrameLayout）可以说是常用布局中最为简单的一个布局，这个布局会依次把添加的控件放到布局的左上角，按空间定义的先后顺序依次显示，后面出现的会覆盖前面的。帧布局的大小由控件中最大的子控件决定。因为帧没有任何的定位方式，所以它应用的场景并不多，但是我们也可以通过 layout_gravity 属性，指定到其他的位置。

FrameLayout 的属性主要包括两个：

➢ Android：foreground：设置该帧布局容器的前景图像
➢ Android：foregroundGravity：设置前景图像显示的位置

如图 3-12 所示，在该界面中设置布局为帧布局，依次在布局中添加 3 个 TextView 控件，并设置宽度、高度和不同的背景颜色，其中第 3 个 TextView 控件在左上方，覆盖了前面添加的控件，并且整个帧布局的大小是与最大的第 1 个 TextView 相同。另外，设置帧布局的前景图像为安卓图片，并设置位置为 right | bottom，则图片就在右下角。代码如下：

图 3-12　FrameLayout 示例

```
1. <?xml version = "1.0" encoding = "utf-8"?>
2. <FrameLayout xmlns:android = "http://schemas.Android.com/apk/res/Android"
3.     android:layout_width = "match_parent"
4.     android:layout_height = "match_parent"
5.     android:foreground = "@drawable/Android"
6.     android:foregroundGravity = "right|bottom" >
7.     <TextView
8.         android:id = "@ +id/textView2"
9.         android:layout_width = "200dp"
10.        android:layout_height = "200dp"
11.        android:background = "#00dff0" />
12.
13.    <TextView
14.        android:id = "@ +id/textView3"
15.        android:layout_width = "150dp"
16.        android:layout_height = "150dp"
17.        android:background = "#ddff00" />
18.    <TextView
19.        android:id = "@ +id/textView4"
20.        android:layout_width = "100dp"
21.        android:layout_height = "100dp"
22.        android:background = "#0000dd"
23.        android:text = "textView3"
24.        android:textSize = "20sp" />
25. </FrameLayout>
```

3.4.4 表格布局 TableLayout

TableLayout 属于行和列形式的管理控件,如果 TableLayout 中直接添加控件,就会占满一行;如果有多个控件放在一行,就可以添加一个 TableRow 对象;TableRow 中的组件个数决定了该行有多少列,而列的宽度由该列中最宽的单元格决定;TableRow 的 layout_width 属性默认是 fill_parent,设置成其他的值也不会生效。TableLayout 的常用属性见表 3-6,这三个属性的列号都是从 0 开始算的。

表 3-6 表格布局 TableLayout 的常用属性

XML 属性名	说 明
Android:collapseColumns:	设置需要被隐藏的列的序号
Android:shrinkColumns:	设置允许被收缩的列的列序号
Android:stretchColumns:	设置运行被拉伸的列的列序号

如图 3-13 所示,该界面使用 TableLayout 进行布局,实现的思路如下:

- 调用 gravity 属性,设置为 center_vertical,让布局里面的组件在竖直方向上居中。
- 将 TableLayout 中的第 1 和第 4 列设置为可拉伸。
- 在每个 TableRow 中添加两个 TextView,用于拉伸填满该行,这样可以让表格水平居中。

Android:stretchColumns = " 0,3" 设置为 0.3,是为了让两边都充满,那么中间部分就可以居中了。具体代码如下:

图 3-13 TableLayout 示例

```
1. <?xml version = "1.0" encoding = "utf-8"?>
2. <TableLayout xmlns:android = "http://schemas.Android.com/apk/res/Android"
3.     android:layout_width = "match_parent"
4.     android:layout_height = "match_parent"
5.     android:stretchColumns = "0,3"
6.     android:gravity = "center_vertical" >
7.     <TableRow >
8.         <TextView />
9.         <TextView
10.            android:layout_width = "wrap_content"
11.            android:layout_height = "wrap_content"
12.            android:textSize = "20sp"
13.            android:text = "用户名:" />
14.        <EditText
15.            android:layout_width = "wrap_content"
16.            android:layout_height = "wrap_content"
```

```
17.         android:minWidth = "150dp" />
18.       <TextView />
19.     </TableRow>
20.     <TableRow>
21.       <TextView />
22.       <TextView
23.         android:layout_width = "wrap_content"
24.         android:layout_height = "wrap_content"
25.         android:textSize = "20sp"
26.         android:text = "密码:" />
27.       <EditText
28.         android:layout_width = "wrap_content"
29.         android:layout_height = "wrap_content"
30.         android:minWidth = "150dp" />
31.       <TextView />
32.     </TableRow>
33.     <TableRow>
34.       <TextView />
35.       <Button
36.         android:layout_width = "wrap_content"
37.         android:layout_height = "wrap_content"
38.         android:textSize = "20sp"
39.         android:text = "登录" />
40.       <Button
41.         android:layout_width = "wrap_content"
42.         android:layout_height = "wrap_content"
43.         android:textSize = "20sp"
44.         android:text = "取消" />
45.       <TextView />
46.     </TableRow>
47. </TableLayout>
```

3.4.5 约束布局 ConstraintLayout

约束布局 ConstraintLayout 是一个 ViewGroup，可以在 Api9 以上的 Android 系统使用它，它的出现主要是为了解决布局嵌套过多的问题，以灵活的方式定位和调整小部件。从 Android Studio 2.3 起，官方的模板默认使用 ConstraintLayout。

3.5 常用基本控件（二）

3.5.1 ImageView 和 ImageButton

ImageButton 继承自 ImageView，ImageView 是用来显示图片的，ImageButton 是图片按钮。

两个控件都可以在 XML 布局文件中使用 Android：src = " drawable/xxx" 属性或者在 Java 代码中使用 setBackgroundResource（R. drawable. xxx）方法来设置其需要显示的图片。

1. src 属性和 background 属性的区别
   - background 通常指的都是背景，而 src 指的是内容。
   - 当使用 src 填入图片时，是按照图片大小直接填充，并不会进行拉伸。
   - 使用 background 填入图片，则是会根据 ImageView 给定的宽度来进行调整。

如图 3-14 所示的界面中，线性布局中放置了 3 个 ImageView，其中第 1 个设置 src 属性，宽高为自适应大小，则图片多大就显示多大；第 2 个设置背景，并且设置了固定宽度 300dp，则图片会拉伸；第 3 个设置 src 属性，宽度也是 300dp，但是图片不会拉伸，且居中显示，这与 scaleType 属性有关。

图 3-14 ImageView 示例

```
1.  <ImageView
2.      android:id = "@ +id/imageView"
3.       android:layout_width = "wrap_content"
4.      android:layout_height = "wrap_content"
5.     Android:src = "@ drawable/Android2" />
6.  <ImageView
7.      android:id = "@ +id/imageView2"
8.      android:layout_width = "300dp"
9.      android:layout_height = "wrap_content"
10.     android:background = "@ drawable/Android2" />
11. <ImageView
12.     android:id = "@ +id/imageView3"
13.     android:layout_width = "300dp"
14.     android:layout_height = "wrap_content"
15.     android:src = "@ drawable/Android2" />
```

2. adjustViewBounds 设置缩放是否保存原图长宽比

ImageView 提供了 adjustViewBounds 属性，用于设置缩放时是否保持原图长宽比。单独设置不起作用，需要配合 maxWidth 和 maxHeight 属性一起使用。

- Android：maxHeight：设置 ImageView 的最大高度。
- Android：maxWidth：设置 ImageView 的最大宽度。

如图 3-15 所示的界面中，线性布局中放置了 2 个 ImageView，均设置 src 为同一图片，图片大小为 215 * 246。第 1 个设置宽高为自适应大小，第 2 个设置 adjustViewBounds 为 true，并且最大宽高为 150dp，则实际上图片显示的大小为 131 * 150。

图 3-15 ImageView 示例

```
1. <ImageView
2.     android:id = "@ +id/imageView"
3.     android:layout_width = "wrap_content"
4.     android:layout_height = "wrap_content"
5.     android:src = "@ drawable/Android" />
6. <ImageView
7.     android:id = "@ +id/imageView3"
8.     android:layout_width = "wrap_content"
9.     android:layout_height = "wrap_content"
10.    android:adjustViewBounds = "true"
11.    android:maxWidth = "150dp"
12.    android:maxHeight = "150dp"
13.    android:src = "@ drawable/Android" />
```

3. scaleType 设置缩放类型

Android：scaleType 用于设置显示的图片如何缩放或者移动以适应 ImageView 的大小。可选值见表 3-7。

表 3-7　scaleType 取值及其显示效果说明

取值	图片显示效果说明
fitXY	对图像横向与纵向进行独立缩放，使得该图片完全适应 ImageView，但是图片横纵比可能会发生改变。
fitStart	保持纵横比缩放图片，直到较长的边与 Image 的边长相等，缩放完成后将图片放在 ImageView 左上角。
fitCenter	同上，缩放后放于中间。
fitEnd	同上，缩放后放于右下角。
center	保持原图大小，显示在 ImageView 的中心。当原图的 size 大于 ImageView 的 size，超过部分裁剪处理。
centerCrop	保持纵横比缩放图片，直到完全覆盖 ImageView，可能出现图片显示不完全。
centerInside	保持纵横比缩放图片，直到 ImageView 能够完全显示图片。
matrix	默认值，不改变原图大小，从 ImageView 的左上角开始绘制原图，原图超过 ImageView 的部分作裁剪处理。

3.5.2　RadioButton 和 CheckBox

RadioButton 和 CheckBox 都是 Button 的子类，都是与处理用户点击事件有关的控件。RadioButton 是单选按钮，需要使用一个 RadioGroup 来组织多个或一个 RadioButton，在同一个 RadioGroup 中的单选按钮只能选中一个。可以为外层 RadioGroup 设置 orientation 属性来决定按钮是竖直方向排列还是水平方向排列。CheckBox 是选择框，只有选中或者未选中两种状态。

1. RadioButton 示例

如图 3-16 所示，在一个垂直方向的线性布局中，放置一个文本框、一个 RadioGroup，里面包含"男""女"两个单选按钮，最后放置一个提交按钮。其中 RadioGroup 通过设置 gravity 为 center_horizontal 让单项按钮居中，"男"单项按钮设置 checked 为 "true" 来实现默认的选中状态。详细代码如下所示：

图 3-16 单选按钮示例

```xml
1. <?xml version="1.0" encoding="utf-8"?>
2. <LinearLayout xmlns:android="http://schemas.Android.com/apk/res/Android"
3.     android:layout_width="match_parent"
4.     android:layout_height="match_parent"
5.     android:orientation="vertical">
6.     <TextView
7.         android:id="@+id/textView5"
8.         android:layout_width="match_parent"
9.         android:layout_height="wrap_content"
10.        android:text="请选择性别"
11.        android:textSize="20sp" />
12.    <RadioGroup
13.        android:layout_width="match_parent"
14.        android:layout_height="wrap_content"
15.        android:gravity="center_horizontal"
16.        android:orientation="horizontal">
17.        <RadioButton
18.            android:id="@+id/radioButton"
19.            android:layout_width="wrap_content"
20.            android:layout_height="wrap_content"
21.            android:textSize="20sp"
22.            android:checked="true"
23.            android:text="男" />
24.        <RadioButton
25.            android:id="@+id/radioButton2"
26.            android:layout_width="wrap_content"
27.            android:layout_height="wrap_content"
28.            android:textSize="20sp"
29.            android:text="女" />
30.    </RadioGroup>
31.    <Button
32.        android:id="@+id/button"
33.        android:layout_width="match_parent"
34.        android:layout_height="wrap_content"
35.        android:textSize="20sp"
```

```
36.        android:text = "提交" />
37. </LinearLayout >
```

2. CheckBox 示例

如图 3-17 所示，在一个垂直方向的线性布局中，放置 1 个文本框、5 个 CheckBox，最后放置一个确定按钮。多个选择框可以同时选中，详细代码如下所示：

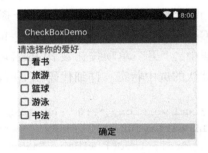

图 3-17　复选框示例

```
1. <? xml version = "1.0" encoding = "utf-8"? >
2. <LinearLayout xmlns:android = "http://schemas.Android.com/apk/res/Android"
3.     android:layout_width = "match_parent"
4.     android:layout_height = "match_parent"
5.     android:orientation = "vertical"  >
6.     <TextView
7.        android:id = "@ +id/textView6"
8.        android:layout_width = "wrap_content"
9.        android:layout_height = "wrap_content"
10.       android:textSize = "20sp"
11.       android:text = "请选择你的爱好" />
12.    <CheckBox
13.       android:id = "@ +id/checkBox"
14.       android:layout_width = "wrap_content"
15.       android:layout_height = "wrap_content"
16.       android:textSize = "20sp"
17.       android:text = "看书" />
18.    <CheckBox
19.       android:id = "@ +id/checkBox2"
20.       android:layout_width = "match_parent"
21.       android:layout_height = "wrap_content"
22.       android:textSize = "20sp"
23.       android:text = "旅游" />
24.    <CheckBox
25.       android:id = "@ +id/checkBox3"
26.       android:layout_width = "match_parent"
27.       android:layout_height = "wrap_content"
28.       android:textSize = "20sp"
29.       android:text = "篮球" />
30.    <CheckBox
```

```
31.        android:id = "@ +id/checkBox4"
32.        android:layout_width = "match_parent"
33.        android:layout_height = "wrap_content"
34.        android:textSize = "20sp"
35.        android:text = "游泳" />
36.    <CheckBox
37.        android:id = "@ +id/checkBox5"
38.        android:layout_width = "match_parent"
39.        android:layout_height = "wrap_content"
40.        android:textSize = "20sp"
41.        android:text = "书法" />
42.    <Button
43.        android:id = "@ +id/button2"
44.        android:layout_width = "match_parent"
45.        android:layout_height = "wrap_content"
46.        android:textSize = "20sp"
47.        android:text = "确定" />
48. </LinearLayout>
```

3.6 【案例】 调查问卷

3.6.1 案例描述

在本案例中主要实现一个问卷调查的界面及简单的提交方法。需要用到 TextView、Button、CheckBox、RadioButton、EditText 等控件，并使用前面所学布局进行界面设计。该问卷主要涉及 5 个问题，以单选或多选形式出现，用户单击"提交"按钮后，提示用户已完成问卷，用户单击"退出"按钮则退出程序。界面效果如图3-18所示，因内容较多，分为两个界面进行截图。

图 3-18 调查问卷界面运行效果图

3.6.2 案例分析

在案例的运行效果图中可以看出，界面中的控件较多，界面可以上下滑动，所以需要使用一个 ScrollView 布局作为最外层，实现界面垂直滑动效果。因为 ScrollView 中只能放置一个子元素，所以根据界面效果添加一个垂直方向的线性布局，再依次添加控件即可。本案例的实现需要依次完成以下工作。

1. 界面设计

最外层使用 ScrollView 滚动视图，然后放置垂直方向的线性布局；单选按钮组需要放置在一个 RadioGroup 中；5 个问卷题目之间需要使用 margin 来设置距离；用线性布局来实现"主要消费用途"这些选择框的排列；最后用相对布局实现"提交"和"退出"按钮效果。

2. 在 Java 代码中初始化控件

在 QuestionnaireActivity.java 中，首先要获取各个控件，对控件进行初始化。对各控件进行初始化后，可以给按钮添加点击事件监听器，并根据程序的逻辑来实现案例的功能。

3. 使用 Toast 类实现消息提示框

由于目前所学内容有限，在我们的案例中，当用户单击"提交"按钮后，只需使用 Toast 弹出提示即可，在后续学习完第 4 章后，可以完善本案例，实现各个选择框的监听事件，并能够将问卷的调查信息统一显示在另一界面中。

3.6.3 案例实现

1. 创建 Activity 并进行布局

在 net.hnjdzy.examples.chapter03 包中创建 QuestionnaireActivity，修改布局文件。activity_Questionnaire.xml 布局文件关键代码如下：

```xml
1.  <?xml version="1.0" encoding="utf-8"?>
2.  <ScrollView xmlns:android="http://schemas.Android.com/apk/res/Android"
3.     android:layout_width="match_parent"
4.     android:layout_height="match_parent"
5.     android:background="#EEEEEE">
6.     <LinearLayout
7.        android:layout_width="match_parent"
8.        android:layout_height="match_parent"
9.        android:orientation="vertical">
10.       <TextView
11.          android:layout_width="match_parent"
12.          android:layout_height="50dp"
13.          android:gravity="center"
14.          android:background="#0099FF"
15.          android:text="大学生日常消费调查问卷"
16.          android:textSize="25dp"
17.          android:textColor="#fff" />
18.       <!--性别-->
19.       <TextView
20.          android:layout_width="wrap_content"
21.          android:layout_height="match_parent"
22.          android:text="1. 您的性别是:"
23.          android:textSize="25dp"
24.          android:layout_marginTop="30dp"
```

```
25.        android:layout_marginLeft = "10dp" />
26.      <RadioGroup
27.        android:id = "@ +id/rg_gender"
28.        android:layout_width = "match_parent"
29.        android:layout_height = "wrap_content"
30.        android:orientation = "horizontal"
31.        android:layout_marginLeft = "10dp"
32.        android:layout_marginRight = "10dp"
33.        android:layout_marginTop = "10dp"
34.        android:background = "#fff" >
35.        <RadioButton
36.          android:id = "@ +id/rb_man"
37.          android:layout_width = "wrap_content"
38.          android:layout_height = "wrap_content"
39.          android:text = "男"
40.          android:textSize = "25dp" />
41.        <RadioButton
42.          android:id = "@ +id/rb_woman"
43.          android:layout_width = "wrap_content"
44.          android:layout_height = "wrap_content"
45.          android:layout_marginLeft = "20dp"
46.          android:text = "女"
47.          android:textSize = "25dp" />
48.      </RadioGroup>
49.      <!--2.院系-->
50.      <TextView
51.        android:layout_width = "wrap_content"
52.        android:layout_height = "match_parent"
53.        android:text = "2.您的院系是:"
54.        android:textSize = "25dp"
55.        android:layout_marginTop = "30dp"
56.        android:layout_marginLeft = "10dp" />
57.      <RadioGroup
58.        android:id = "@ +id/rg_department"
59.        android:layout_width = "match_parent"
60.        android:layout_height = "wrap_content"
61.        android:orientation = "vertical"
62.        android:background = "#fff"
63.        android:layout_marginLeft = "10dp"
64.        android:layout_marginRight = "10dp" >
65.        <RadioButton
66.          android:id = "@ +id/rb_department1"
67.          android:layout_width = "match_parent"
68.          android:layout_height = "wrap_content"
69.          android:text = "软件学院"
70.          android:textSize = "25dp"
```

```
71.            android:paddingTop = "5dp" />
72.        <!--省略中间2个单选按钮-->
73.            .....
74.        <RadioButton
75.            android:id = "@ + id/rb_department4"
76.            android:layout_width = "match_parent"
77.            android:layout_height = "wrap_content"
78.            android:text = "其他学院"
79.            android:textSize = "25dp"
80.            android:paddingTop = "5dp" />
81.    </RadioGroup>
82.    <!--3.每月消费-->
83.    <TextView
84.        android:layout_width = "match_parent"
85.        android:layout_height = "wrap_content"
86.        android:text = "3.您的在校期间平均月消费为:"
87.        android:textSize = "25dp"
88.        android:layout_marginTop = "30dp"
89.        android:layout_marginLeft = "10dp" />
90.    <RadioGroup
91.        android:id = "@ + id/rg_consume"
92.        android:layout_width = "match_parent"
93.        android:layout_height = "wrap_content"
94.        android:orientation = "vertical"
95.        android:background = "#fff"
96.        android:layout_marginLeft = "10dp"
97.        android:layout_marginRight = "10dp" >
98.        <RadioButton
99.            android:id = "@ + id/rb_consume1"
100.            android:layout_width = "match_parent"
101.            android:layout_height = "wrap_content"
102.            android:text = "600 以下"
103.            android:textSize = "25dp"
104.            android:paddingTop = "5dp" />
105.        <!--省略中间2个单选按钮-->
106.            .....
107.        <RadioButton
108.            android:id = "@ + id/rb_consume4"
109.            android:layout_width = "match_parent"
110.            android:layout_height = "wrap_content"
111.            android:text = "1500 元以上"
112.            android:textSize = "25dp"
113.            android:paddingTop = "5dp" />
114.    </RadioGroup>
115.    <!--4.主要消费用途-->
116.    <TextView
```

```
117.      android:layout_width = "match_parent"
118.      android:layout_height = "wrap_content"
119.      android:text = "4.您每月消费主要在哪些方面:"
120.      android:textSize = "25dp"
121.      android:layout_marginTop = "30dp"
122.      android:layout_marginLeft = "10dp" />
123.   <LinearLayout
124.      android:layout_width = "match_parent"
125.      android:layout_height = "wrap_content"
126.      android:orientation = "vertical"
127.      android:background = "#fff"
128.      android:layout_marginLeft = "10dp"
129.      android:layout_marginRight = "10dp" >
130.      <CheckBox
131.        android:id = "@ +id/cb_mainconsume_a"
132.        android:layout_width = "match_parent"
133.        android:layout_height = "wrap_content"
134.        android:textSize = "25dp"
135.        android:text = "A.伙食" />
136.              <!--省略中间5个选择框-->
137.              ……
138.      <CheckBox
139.        android:id = "@ +id/cb_mainconsume_g"
140.        android:layout_width = "match_parent"
141.        android:layout_height = "wrap_content"
142.        android:textSize = "25dp"
143.        android:text = "G.其他" />
144.   </LinearLayout>
145.   <!--5.建议-->
146.   <TextView
147.      android:layout_width = "match_parent"
148.      android:layout_height = "wrap_content"
149.      android:text = "5.请对大学生消费情况提出您宝贵的建议:"
150.      android:textSize = "25dp"
151.      android:layout_marginTop = "30dp"
152.      android:layout_marginLeft = "10dp"
153.      android:layout_marginRight = "10dp" />
154.   <EditText
155.      android:id = "@ +id/et_suggest"
156.      android:layout_width = "match_parent"
157.      android:layout_height = "100dp"
158.      android:background = "#fff"
159.      android:layout_marginLeft = "10dp"
160.      android:layout_marginRight = "10dp"
161.      android:inputType = "text" />
162.   <RelativeLayout
```

```xml
163.        android:layout_width = "match_parent"
164.        android:layout_height = "match_parent"
165.        android:gravity = "center"
166.        android:layout_marginTop = "20dp"
167.        android:layout_marginBottom = "20dp" >
168.      <Button
169.        android:id = "@ +id/btn_submit"
170.        android:layout_width = "wrap_content"
171.        android:layout_height = "wrap_content"
172.        android:text = "提交"
173.        android:textColor = "#fff"
174.        android:background = "#008577" />
175.      <Button
176.        android:id = "@ +id/btn_exit"
177.        android:layout_width = "wrap_content"
178.        android:layout_height = "wrap_content"
179.        android:layout_toRightOf = "@ +id/btn_submit"
180.        android:layout_marginLeft = "10dp"
181.        android:textColor = "#fff"
182.        android:background = "#008577"
183.        android:text = "退出" />
184.    </RelativeLayout>
185.  </LinearLayout>
186. </ScrollView>
```

2. 在 QuestionnaireActivity.java 中实现程序逻辑

```java
1.  package net.hnjdzy.examples.chapter03;
2.  import Android.support.v7.app.AppCompatActivity;
3.  import Android.os.Bundle;
4.  import Android.view.View;
5.  import Android.widget.Button;
6.  import Android.widget.CheckBox;
7.  import Android.widget.EditText;
8.  import Android.widget.RadioButton;
9.  import Android.widget.RadioGroup;
10. import Android.widget.Toast;
11. import net.hnjdzy.examples.chapter02.R;
12. public class QuestionnaireActivity extends AppCompatActivity implements View.OnClickListener {
13.   //性别相关控件
14.   RadioGroup rg_gender;
15.   RadioButton rb_gender1,rb_gender2;
16.   //学院相关控件
```

```java
17.    RadioGroup rg_department;
18.    RadioButton rb_department1,rb_department2,rb_department3,rb_department4;
19.    //消费相关控件
20.    RadioGroup rg_consume;
21.    RadioButton rb_consume1,rb_consume2,rb_consume3,rb_consume4;
22.    //主要消费
23.    CheckBox cb_meal,cb_shopping,cb_study,cb_amusement,cb_internet,cb_
       loveconsume,cb_otherconsume;
24.    //建议相关控件
25.    EditText et_suggest;
26.    //按钮相关控件
27.    Button bt_submit,bt_exit;
28.    @Override
29.    protected void onCreate(Bundle savedInstanceState) {
30.    super.onCreate(savedInstanceState);
31.    setContentView(R.layout.activity_questionnaire);
32.    initView();
33.    }
34. public void initView(){
35.    //性别
36.    rg_gender =(RadioGroup)findViewById(R.id.rg_gender);
37.    rb_gender1 =(RadioButton)findViewById(R.id.rb_man);
38.    rb_gender2 =(RadioButton)findViewById(R.id.rb_woman);
39.    //学院
40.    rg_department =(RadioGroup)findViewById(R.id.rg_department);
41.    rb_department1 =(RadioButton)findViewById(R.id.rb_department1);
42.    rb_department2 =(RadioButton)findViewById(R.id.rb_department2);
43.    rb_department3 =(RadioButton)findViewById(R.id.rb_department3);
44.    rb_department4 =(RadioButton)findViewById(R.id.rb_department4);
45.    //消费
46.    rg_consume =(RadioGroup)findViewById(R.id.rg_consume);
47.    rb_consume1 =(RadioButton)findViewById(R.id.rb_consume1);
48.    rb_consume2 =(RadioButton)findViewById(R.id.rb_consume2);
49.    rb_consume3 =(RadioButton)findViewById(R.id.rb_consume3);
50.    rb_consume4 =(RadioButton)findViewById(R.id.rb_consume4);
51.    //    主要消费
52.    cb_meal =(CheckBox)findViewById(R.id.cb_mainconsume_a);
53.    cb_shopping =(CheckBox)findViewById(R.id.cb_mainconsume_b);
54.    cb_study =(CheckBox)findViewById(R.id.cb_mainconsume_c);
55.    cb_amusement =(CheckBox)findViewById(R.id.cb_mainconsume_d);
56.    cb_internet =(CheckBox)findViewById(R.id.cb_mainconsume_e);
57.    cb_loveconsume =(CheckBox)findViewById(R.id.cb_mainconsume_f);
58.    cb_otherconsume =(CheckBox)findViewById(R.id.cb_mainconsume_g);
59.    //建议
60.    et_suggest =(EditText)findViewById(R.id.et_suggest);
61.    bt_submit =(Button)findViewById(R.id.btn_submit);
```

```
62.    bt_exit = (Button)findViewById(R.id.btn_exit);
63.    bt_submit.setOnClickListener(this);
64.    bt_exit.setOnClickListener(this);
65. }
66. @Override
67. public void onClick(View view){
68.    if(view.getId() = = R.id.btn_submit){
69.        Toast.makeText(this,"已经提交您的问卷",Toast.LENGTH_SHORT).show();
70.    }else if(view.getId() = = R.id.btn_exit){
71.        this.finish();
72.    }
73.    }
74. }
```

3.7 Shape 和 Selector

在 Android 开发中，一个 view 控件的样式包括控件间隔、文字大小和颜色、阴影、形状等，这些样式可以通过 shape、selector、style、theme 等组合实现。

3.7.1 Shape

1. shape 子标签及其属性

使用 shape 可以定义各种各样的形状，也可以定义一些图片资源。相对于传统图片来说，使用 shape 可以减少资源占用，减少安装包大小，还能够很好地适配不同尺寸的手机。

使用 shape 设计出漂亮的图形，先要创建 shape 样式，shape 是存放于 res 的 drawable 文件夹下的 xml 文件，它通过子标签和属性设置实现图形效果。如图 3 - 19 所示，shape 的子标签包括六种，分别是 Corners、Gradient、Solid、Stroke、Padding、Size，分别用于定义圆角、渐变色、填充色、描边效果、内部边距和图形大小，各标签的主要属性及其取值、功能见表3 - 8。

图 3 - 19　shape 的子标签

表 3-8 shape 标签及其子标签属性特征

标签	描述	属性	取值	效果
Shape	用于设置形状和背景颜色的样式	Android：shape	rectangle	矩形，默认的形状，可以画出直角矩形、圆角矩形、弧形等
			oval	椭圆形，用得比较多的是画正圆
			line	线形，可以画实线和虚线
			ring	环形，可以画环形进度条
Solid	设置形状填充的颜色	Android：color	颜色	设置形状填充的颜色
Padding	设置内容与形状边界的内间距	Android：left	数值	左内间距
		Android：right	数值	右内间距
		Android：top	数值	上内间距
		Android：bottom	数值	下内间距
Gradient	设置形状的渐变颜色，可以是线性渐变、辐射渐变、扫描性渐变	Android：type	linear	线性渐变，默认的渐变类型
			radial	放射渐变
			sweep	扫描性渐变
		Android：startColor	颜色	渐变开始的颜色
		Android：endColor	颜色	渐变结束的颜色
		Android：centerColor	颜色	渐变中间的颜色
Corners	设置圆角，只适用于 rectangle 类型	Android：radius	数值	圆角半径
		Android：topLeftRadius	数值	左上角的半径
		Android：topRightRadius	数值	右上角的半径
		Android：bottomLeftRadius	数值	左下角的半径
		Android：bottomRightRadius	数值	右下角的半径
Stroke	设置描边，可描成实线或虚线	Android：color	颜色	描边的颜色
		Android：width	数值	描边的宽度
		Android：dashWidth	数值	设置虚线时的横线长度
		Android：dashGap	数值	设置虚线时的横线之间的距离
Size	设置形状默认的大小	Android：width	数值	宽度
		Android：height	数值	高度

2. 创建使用 shape 的步骤

以图 3-20 中控件效果的实现过程为例演示 shape 创建使用步骤。

（1）创建圆角按钮（shape_demo.xml）和圆形按钮（circle_button.xml）文件。首先在

安卓视图下，右击 res 文件夹，选择 New 菜单下的 Android Resource File 命令，弹出如图 3 – 21 所示的对话框，填写文件名、资源类型、根元素和路径名。图 3 – 21 演示的是 shape_ demo. xml 的填写方法。

图 3 – 21 创建 shape 文件的对话框

（2）修改 shape_demo. xml 文件代码如下：

```
1. <?xml version = "1.0" encoding = "utf-8"?>
2. <shape xmlns:android = "http://schemas.Android.com/apk/res/Android">
3.     <!--圆角-->
4.     <corners Android:radius = "10dp" />
5.     <!--填充颜色-->
6.     <solid Android:color = "#fff" />
7.     <!--描边-->
8.     <stroke
9.         Android:width = "1dp"
10.         android:color = "#00ff00" />
11. </shape>
```

（3）修改 circle_button. xml 文件代码如下：

```
1. <?xml version = "1.0" encoding = "utf-8"?>
2. <shape xmlns:android = "http://schemas.Android.com/apk/res/Android"
3.     android:shape = "oval"> <!--形状-->
4.     <!--填充颜色-->
5.     <solid Android:color = "#FF5809" />
6. </shape>
```

（4）在布局文件中，设置控件的背景"Android：background"属性为 shape 文件名既可。

修改布局文件的代码如下：

```xml
1. <?xml version = "1.0" encoding = "utf-8"?>
2. <LinearLayout xmlns:android = "http://schemas.Android.com/apk/res/Android"
3.     android:layout_width = "match_parent"
4.     android:layout_height = "match_parent"
5.     android:orientation = "vertical" >
6. 
7.     <Button
8.         android:id = "@+id/button1"
9.         android:layout_width = "wrap_content"
10.        android:layout_height = "wrap_content"
11.        android:layout_marginTop = "20dp"
12.        android:layout_gravity = "center_horizontal"
13.        android:background = "@drawable/shape_demo"
14.        android:paddingLeft = "20dp"
15.        android:paddingRight = "20dp"
16.        android:text = "第一个圆角按钮" />
17.    <Button
18.        android:id = "@+id/button2"
19.        android:layout_width = "50dp"
20.        android:layout_height = "50dp"
21.        android:layout_marginTop = "20dp"
22.        android:textSize = "30dp"
23.        android:textColor = "#fff"
24.        android:layout_gravity = "center_horizontal"
25.        android:background = "@drawable/circle_button"
26.        android:text = " + " />
27. </LinearLayout>
```

3.7.2 Selector

在安卓应用中，经常会看到一些按钮在点击时会有状态变化，让用户感觉到点击的效果。这可以通过 selector 选择器来实现。选择器在 Android 中使用得非常广泛，点击反馈、选中、聚焦等状态切换都会用到选择器。

1. selector 的使用步骤

① 在 drawable 文件夹下创建 selector，与创建 shape 过程一样。
② 在选择器中使用 item 标签设置不同状态下的显示效果，属性主要包括：

 ➢ android：state_xxx 代表不同的状态。
 ➢ android：color 代表不同的字体颜色。
 ➢ android：drawable 为图片或 shape 等资源。

③ 在布局中应用 selector，通常用于设置控件的背景。

2. selector 的状态

selector 的各状态属性见表 3-9。

表 3-9 selector 的各状态属性

状态属性	取值	说明
android：state_pressed	true	表示被点击
	false	表示未被点击
android：state_focused	true	表示获得焦点
	false	表示未获得焦点
android：state_selected	true	表示被选择
	false	表示未被选择
android：state_checked	true	表示选中
	false	表示未选中
android：state_enabled	true	表示可用状态
	false	表示不可用
android：state_window_focused	true	表示获得窗口焦点
	false	表示没有窗口焦点

3. selector 示例

如图 3-22 所示，初始运行为 a 状态，点击第 1 个按钮为 b 状态，点击第 2 个按钮为 c 状态。实现过程如下：

a)
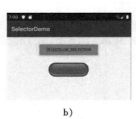
b)

c)

图 3-22 selector 示例

（1）首先创建两个 selector，文件名为 color_selector.xml 和 drawable_selector.xml，其中 color_selector.xml 代码如下：

```
1. <?xml version = "1.0" encoding = "utf-8"?>
2. <selector xmlns:android = "http://schemas.android.com/apk/res/android">
3.     <item android:state_pressed = "true"
4.         android:color = "#ffff0000"/> <!-- pressed -->
5.     <item android:state_focused = "true"
6.         android:color = "#ff0000ff"/> <!-- focused -->
```

```
7.    <item android:color = "#ff000000"/> <!-- default -->
8. </selector>
```

在 drawable 中添加两个图片 btn1 和 btn2,编写 drawable_selector.xml 代码如下:

```
1. <?xml version = "1.0" encoding = "utf-8"?>
2. <selector xmlns:android = "http://schemas.android.com/apk/res/android">
3.    <item android:state_selected = "true" android:drawable = "@drawable/btn2"
      />
4.    <item android:state_focused = "true" android:drawable = "@drawable/btn2"
      />
5.    <item android:state_pressed = "true" Android:drawable = "@drawable/btn2"
      />
6.    <item android:drawable = "@drawable/btn1"  />
7. </selector>
```

(2) 在布局文件中添加两个按钮,分别设置按钮 1 的字体颜色为 color_selector,按钮 2 的背景为 drawable_selector。则运行后的效果如图 3-22 所示,按钮 1 按下后字体变为红色,按钮 2 按下后变换了背景图片。布局文件的代码如下:

```
1. <?xml version = "1.0" encoding = "utf-8"?>
2. <LinearLayout xmlns:android = "http://schemas.android.com/apk/res/android"
3.    android:layout_width = "match_parent"
4.    android:layout_height = "match_parent"
5.    android:orientation = "vertical"
6.    tools:context = ".SelectorActivity" >
7.    <Button
8.        android:id = "@ +id/button3"
9.        android:layout_width = "200dp"
10.       android:layout_height = "wrap_content"
11.       android:layout_marginTop = "20dp"
12.       android:layout_gravity = "center_horizontal"
13.       android:textColor = "@drawable/color_selector"
14.       android:text = "测试 color_selector" />
15.   <Button
16.       android:id = "@ +id/button5"
17.       android:layout_width = "264dp"
18.       android:layout_height = "96dp"
19.       android:layout_gravity = "center_horizontal"
20.       android:background = "@drawable/drawable_selector"
21.       android:layout_marginTop = "20dp" />
22. </LinearLayout>
```

3.8 【项目实战】

3.8.1 登录界面设计

1. 开发任务单

任务概况	任务描述	设计和实现用户登录界面		
	参与人员			
	所属产品	记账本 APP	开始时间	
	所属模块	用户管理	结束时间	
	任务类型	开发	预计工时	2 小时
	任务编号	DEV-02-001	实际工时	
任务要求	（1）按照原型设计的要求，采用合适的布局方式实现登录界面。 （2）实现用户输入的校验			
验收标准	（1）界面符合 Android 设计规范，采用 Material 风格。 （2）界面适配大部分主流手机屏幕。 （3）界面字符串满足国际化要求，可以根据手机语言变换（中文和英文）。 （4）输入框应该有 Hint 提示	用户故事/ 界面原型		

2. 开发任务解析

如图 3-23 所示，登录界面的主要控件是从上至下进行排列的，所以最外层采用线性布局，进一步对界面进行"解剖"。界面可以划分为上中下三部分，其中上部背景采用蓝色，中间放置一个图片，采用线性布局；中部包括用户昵称、密码和登录按钮，采用垂直方向的线性布局；下部是"忘记密码"和"注册用户"超链接，采用横向线性布局。

在 java 代码中，首先获取控件，然后初始化控件，最后用户输入进行验证。

图 3-23 登录界面分解

3. 开发过程

（1）在记账本项目中创建 net.hnjdzy.tinyaccount.activity 包，在包中创建 LoginActivity 类。
（2）创建 login_button_shape.xml 文件，按钮有圆角效果。

```xml
1. <?xml version="1.0" encoding="utf-8"?>
2. <shape xmlns:android="http://schemas.android.com/apk/res/Android">
3.     <solid Android:color="#FF8833"/>
4.     <corners Android:radius="5dp"/>
5. </shape>
```

(3) 修改 activity_login.xml 文件。

```xml
1. <?xml version="1.0" encoding="utf-8"?>
2. <LinearLayout xmlns:android="http://schemas.android.com/apk/res/Android"
3.     android:layout_width="match_parent"
4.     android:layout_height="match_parent"
5.     android:gravity="center_horizontal"
6.     android:orientation="vertical" >
7.     <LinearLayout
8.         android:layout_width="match_parent"
9.         android:layout_height="wrap_content"
10.        android:background="#2196F3"
11.        android:orientation="horizontal" >
12.        <ImageView
13.            android:id="@+id/imageView3"
14.            android:layout_width="wrap_content"
15.            android:layout_height="wrap_content"
16.            android:layout_weight="1"
17.            app:srcCompat="@drawable/default_user_logo" />
18.    </LinearLayout>
19.    <LinearLayout
20.        android:layout_width="match_parent"
21.        android:layout_height="wrap_content"
22.        android:layout_marginLeft="5dp"
23.        android:layout_marginRight="5dp"
24.        android:layout_marginTop="50dp"
25.        android:orientation="vertical" >
26.        <TextView
27.            android:id="@+id/textView2"
28.            android:layout_width="match_parent"
29.            android:layout_height="wrap_content"
30.            android:text="用户昵称:" />
31.        <EditText
32.            android:id="@+id/editTextName"
33.            android:layout_width="match_parent"
34.            android:layout_height="wrap_content"
35.            android:ems="10"
36.            android:inputType="textPersonName"
```

```
37.        android:text = "" />
38.     <TextView
39.        android:id = "@ + id/textViewPassword"
40.        android:layout_width = "match_parent"
41.        android:layout_height = "wrap_content"
42.        android:text = "密码:" />
43.     <EditText
44.        android:id = "@ + id/editTextPassword"
45.        android:layout_width = "match_parent"
46.        android:layout_height = "wrap_content"
47.        android:ems = "10"
48.        android:inputType = "textPassword"
49.        android:text = "" />
50.     <Button
51.        android:id = "@ + id/buttonLogin"
52.        android:layout_width = "match_parent"
53.        android:layout_height = "wrap_content"
54.        android:background = "@drawable/login_button_shape"
55.        android:text = "登录" />
56. < /LinearLayout >
57.  <LinearLayout
58.     android:layout_width = "match_parent"
59.     android:layout_height = "wrap_content"
60.     android:orientation = "horizontal"
61.     android:layout_marginTop = "20dp"
62.     android:layout_marginRight = "5dp" >
63.   <TextView
64.      android:id = "@ + id/textView3"
65.      android:layout_height = "wrap_content"
66.      android:layout_width = "0dp"
67.      android:layout_weight = "1"
68.      android:text = "" />
69.   <TextView
70.      android:id = "@ + id/textViewNoPwd"
71.      android:layout_width = "wrap_content"
72.      android:layout_height = "wrap_content"
73.      android:layout_gravity = "end"
74.      android:text = "@string/login_nopwd"
75.      android:textColor = "@color/colorPrimaryDark" />
76.   <TextView
77.      android:id = "@ + id/textViewRegister"
78.      android:layout_width = "wrap_content"
79.      android:layout_height = "wrap_content"
80.      android:layout_marginLeft = "10dp"
81.      android:layout_gravity = "end"
```

```
82.        android:text = "@string/login_register"
83.        android:textColor = "@color/colorPrimaryDark" />
84.    < /LinearLayout >
85. < /LinearLayout >
```

（4）修改 LoginActivity 代码，关键代码如下：

```java
1. public class LoginActivity extends AppCompatActivity {
2.     @Override
3.     protected void onCreate(Bundle savedInstanceState) {
4.         super.onCreate(savedInstanceState);
5.         setContentView(R.layout.activity_login);
6.         //登录按钮
7.         Button buttonLogin = (Button)this.findViewById(R.id.buttonLogin);
8.         //登录按钮的点击事件
9.         buttonLogin.setOnClickListener(new OnClickListener() {
10.            @Override
11.            public void onClick(View view) {
12.                login();
13.            }
14.        });
15.        //注册文本框
16.            TextView textViewRegister = (TextView) this.findViewById
               (R.id.textViewRegister);
17.        textViewRegister.setOnClickListener(new OnClickListener() {
18.            @Override
19.            public void onClick(View view) {
20.                gotoRegister();
21.            }
22.        });
23.    //注册
24.    private void gotoRegister() {
25.        //学习第 4 章内容后补充完整。
26.    }
27.    //登录
28.    private void login() {
29.        //获取密码框
30.        EditText editTextPassword = findViewById(R.id.editTextPassword);
31.        if (editTextPassword.getText() == null || editTextPassword.getText()
           .toString().trim().equals("")){
32.            Toast.makeText(this,"密码不能为空.",Toast.LENGTH_LONG).show();
33.        }else{
34.            //学习第 4 章内容后补充完整。
35.        }
36.    }
37. }
```

3.8.2 注册界面设计

1. 开发任务单

任务概况	任务描述	设计和实现用户注册界面		
	参与人员			
	所属产品	记账本 APP	开始时间	
	所属模块	用户管理	结束时间	
	任务类型	开发	预计工时	2 小时
	任务编号	DEV-02-002	实际工时	
任务要求	(1)按照原型设计的要求,采用合适的布局方式实现注册界面。 (2)实现用户输入的校验,实现"注册"按钮的事件		用户故事/ 界面原型	
验收标准	(1)界面符合 Android 设计规范,采用 Material 风格。 (2)界面适配大部分主流手机屏幕。 (3)界面字符串满足国际化要求,可以根据手机语言变换(中文和英文)。 (4)输入框应该有 Hint 提示			

2. 开发任务解析

注册界面采用相对布局作为最外层布局,之后添加 ImageView 放置图片,再依次添加昵称、密码、确认密码、密码提示框和注册按钮。根据相对布局中的兄弟布局控制垂直方向,根据父布局控制左右方向,并使用 margin 来控制组件之间的距离。注册按钮可以使用 selector 来设置按下和默认样式。

3. 开发过程

(1) 在记账本项目 activity 包中添加 RegisterActivity。

(2) 修改 activity_register.xml 布局文件,关键代码如下:

```
1. <? xml version = "1.0" encoding = "utf-8"? >
2. <RelativeLayout xmlns:android = "http://schemas.android.com/apk/res/Android"
3.     xmlns:app = "http://schemas.android.com/apk/res-auto"
4.     xmlns:tools = "http://schemas.android.com/tools"
5.     android:layout_width = "match_parent"
6.     android:layout_height = "match_parent"
7.     android:layout_margin = "5dp"
8.     tools:context = "net.hnjdzy.tinyaccount.activity.RegisterActivity" >
```

```xml
9.      <ImageView
10.         android:id="@+id/imageView4"
11.         android:layout_width="match_parent"
12.         android:layout_height="120dp"
13.         app:srcCompat="@drawable/user_reg" />
14.     <TextView
15.         android:id="@+id/textViewName"
16.         android:layout_width="wrap_content"
17.         android:layout_height="wrap_content"
18.         android:layout_below="@+id/imageView4"
19.         android:layout_alignParentStart="true"
20.         android:layout_marginStart="35dp"
21.         android:layout_marginTop="10dp"
22.         android:text="昵称:" />
23.     <EditText
24.         android:id="@+id/editTextName"
25.         android:layout_width="334dp"
26.         android:layout_height="wrap_content"
27.         android:layout_below="@+id/textViewName"
28.         android:layout_alignParentStart="true"
29.         android:layout_alignParentEnd="true"
30.         android:layout_marginStart="35dp"
31.         android:layout_marginTop="10dp"
32.         android:layout_marginEnd="35dp"
33.         android:ems="10"
34.         android:inputType="textPersonName"
35.         android:text="Dear" />
36.     <TextView
37.         android:id="@+id/textViewPassword"
38.         android:layout_width="wrap_content"
39.         android:layout_height="wrap_content"
40.         android:layout_below="@+id/editTextName"
41.         android:layout_alignParentStart="true"
42.         android:layout_marginStart="35dp"
43.         android:layout_marginTop="10dp"
44.         android:text="密码:" />
45.     <EditText
46.         android:id="@+id/editTextPassword"
47.         android:layout_width="334dp"
48.         android:layout_height="wrap_content"
49.         android:layout_below="@+id/textViewPassword"
50.         android:layout_alignParentStart="true"
51.         android:layout_alignParentEnd="true"
52.         android:layout_marginStart="35dp"
53.         android:layout_marginEnd="35dp"
54.         android:layout_marginBottom="10dp"
```

```
55.        android:ems = "10"
56.        android:inputType = "numberPassword" />
57.    <TextView
58.        android:id = "@ + id/textViewPassword2"
59.        android:layout_width = "wrap_content"
60.        android:layout_height = "wrap_content"
61.        android:layout_below = "@ + id/editTextPassword"
62.        android:layout_alignParentStart = "true"
63.        android:layout_marginStart = "35dp"
64.        android:layout_marginTop = "10dp"
65.        android:text = "确认密码:" />
66.    <EditText
67.        android:id = "@ + id/editTextPassword2"
68.        android:layout_width = "332dp"
69.        android:layout_height = "wrap_content"
70.        android:layout_below = "@ + id/textViewPassword2"
71.        android:layout_alignParentEnd = "true"
72.        android:layout_marginStart = "35dp"
73.        android:layout_marginTop = "10dp"
74.        android:layout_marginEnd = "35dp"
75.        android:ems = "10"
76.        android:inputType = "numberPassword" />
77.    <TextView
78.        android:id = "@ + id/textViewPrompt"
79.        android:layout_width = "wrap_content"
80.        android:layout_height = "wrap_content"
81.        android:layout_below = "@ + id/editTextPassword2"
82.        android:layout_marginStart = "35dp"
83.        android:layout_marginTop = "10dp"
84.        android:text = "密码提示:" />
85.    <EditText
86.        android:id = "@ + id/editTextPrompt"
87.        android:layout_width = "324dp"
88.        android:layout_height = "wrap_content"
89.        android:layout_below = "@ + id/textViewPrompt"
90.        android:layout_alignParentStart = "true"
91.        android:layout_alignParentEnd = "true"
92.        android:layout_marginStart = "35dp"
93.        android:layout_marginTop = "10dp"
94.        android:layout_marginEnd = "35dp"
95.        android:ems = "10"
96.        android:inputType = "textPersonName" />
97.    <Button
98.        android:id = "@ + id/buttonRegister"
99.        android:layout_width = "200dp"
```

```
100.        android:layout_height = "wrap_content"
101.        android:layout_alignParentBottom = "true"
102.        android:layout_marginBottom = "30dp"
103.        android:layout_centerInParent = "true"
104.        android:background = "@drawable/login_button_shape"
105.        android:text = "注册" />
106. < /RelativeLayout >
```

3.8.3 帮助界面设计

1. 开发任务单

任务概况	任务描述	设计和实现帮助界面		
	参与人员			
	所属产品	记账本 APP	开始时间	
	所属模块	用户管理	结束时间	
	任务类型	开发	预计工时	2 小时
	任务编号	DEV-02-003	实际工时	
任务要求	(1) 按照原型设计的要求,采用合适的布局方式实现帮助界面。 (2) 其中的章节设置采用表格布局	用户故事/界面原型		
验收标准	(1) 界面符合 Android 设计规范,采用 Material 风格。 (2) 界面适配大部分主流手机屏幕。 (3) 界面字符串满足国际化要求,可以根据手机语言变换(中文和英文)。 (4) 输入框应该有 Hint 提示			

2. 开发任务解析

帮助界面中整体布局采用线性布局,在章节部分使用表格布局来实现。

3. 开发过程

(1) 创建 HelpActivity。

(2) 修改 activity_help.xml 代码如下:

```
1. <? xml version = "1.0" encoding = "utf-8"? >
2. <LinearLayout xmlns:android = "http://schemas.android.com/apk/res/Android"
3.     android:layout_width = "match_parent"
4.     android:layout_height = "match_parent"
```

```
5.      android:orientation = "vertical"
6.      tools:context = "net.hnjdzy.tinyaccount.activity.HelpActivity" >
7.      <ImageView
8.          android:id = "@ +id/imageView5"
9.          android:layout_width = "match_parent"
10.         android:layout_height = "119dp"
11.         app:srcCompat = "@drawable/tips" />
12.     <TextView
13.         android:id = "@ +id/textView8"
14.         android:layout_width = "wrap_content"
15.         android:layout_height = "wrap_content"
16.         android:textColor = "@color/colorPrimaryDark"
17.         android:textSize = "30sp"
18.         android:text = "帮助信息"
19.         android:layout_gravity = "center_horizontal" />
20.     <TableLayout
21.         android:layout_width = "395dp"
22.         android:layout_height = "672dp"
23.         android:layout_marginTop = "8dp" >
24.         <TableRow
25.             android:layout_width = "match_parent"
26.             android:layout_height = "match_parent" >
27.             <TextView
28.                 android:id = "@ +id/textViewChapter1"
29.                 android:layout_width = "wrap_content"
30.                 android:layout_height = "wrap_content"
31.                 android:textSize = "20sp"
32.                 android:text = "第一章:" />
33.             <TextView
34.                 android:id = "@ +id/textViewChapter1a"
35.                 android:layout_width = "wrap_content"
36.                 android:layout_height = "wrap_content"
37.                 android:textSize = "20sp"
38.                 android:textColor = "@color/colorPrimaryDark"
39.                 android:text = "@string/help_quick" />
40.         </TableRow>
41.         <TableRow
42.             android:layout_width = "match_parent"
43.             android:layout_height = "match_parent" >
44.             <TextView
45.                 android:id = "@ +id/textViewChapter2"
46.                 android:layout_width = "wrap_content"
47.                 android:layout_height = "wrap_content"
```

```
48.            android:textSize = "20sp"
49.            android:text = "第二章:" />
50.        <TextView
51.            android:id = "@ +id/textViewChapter2a"
52.            android:layout_width = "wrap_content"
53.            android:layout_height = "wrap_content"
54.            android:textColor = "@ color/colorPrimaryDark"
55.            android:textSize = "20sp"
56.            android:text = "@ string/help_document" />
57.    </TableRow>
58.    <TableRow
59.        android:layout_width = "match_parent"
60.        android:layout_height = "match_parent" >
61.        <TextView
62.            android:id = "@ +id/textViewChapter3"
63.            android:layout_width = "wrap_content"
64.            android:layout_height = "wrap_content"
65.            android:textSize = "20sp"
66.            android:text = "第三章:" />
67.        <TextView
68.            android:id = "@ +id/textViewChapter3a"
69.            android:layout_width = "wrap_content"
70.            android:layout_height = "wrap_content"
71.            android:textColor = "@ color/colorPrimaryDark"
72.            android:textSize = "20sp"
73.            android:text = "@ string/help_ref" />
74.    </TableRow>
75.    </TableLayout>
76. </LinearLayout>
```

3.8.4 挑战任务

1. 一星挑战任务：关于界面设计

任务概况	任务描述	设计和实现关于界面		
	参与人员			
	所属产品	记账本 APP	开始时间	
	所属模块	用户管理	结束时间	
	任务类型	开发	预计工时	2 小时
	任务编号	DEV-02-004	实际工时	

(续)

任务要求	(1) 按照原型设计的要求，采用合适的布局方式实现关于界面。 (2) 实现"关闭"按钮功能	用户故事/界面原型	
验收标准	(1) 界面符合 Android 设计规范，采用 Material 风格。 (2) 界面适配大部分主流手机屏幕。 (3) 界面字符串满足国际化要求，可以根据手机语言变换（中文和英文）。 (4) 输入框应该有 Hint 提示		

2. 二星挑战任务：引导页界面

任务概况	任务描述	设计和实现用户引导界面		
	参与人员			
	所属产品	记账本 APP	开始时间	
	所属模块	用户管理	结束时间	
	任务类型	开发	预计工时	2 小时
	任务编号	DEV-02-005	实际工时	

任务要求	(1) 按照原型设计的要求，采用合适的布局方式实现引导界面。 (2) 实现用户输入的校验	用户故事/界面原型	
验收标准	(1) 界面符合 Android 设计规范，采用 Material 风格。 (2) 界面适配大部分主流手机屏幕。 (3) 界面字符串满足国际化要求，可以根据手机语言变换（中文和英文）。 (4) 输入框应该有 Hint 提示		

3. 三星挑战任务：登录界面

任务概况	任务描述	设计和实现用户登录界面		
	参与人员			
	所属产品	记账本 APP	开始时间	
	所属模块	用户管理	结束时间	
	任务类型	开发	预计工时	2 小时
	任务编号	DEV-02-006	实际工时	

（续）

任务要求	（1）按照原型设计的要求，采用合适的布局方式实现登录界面。 （2）实现用户输入的校验	用户故事/ 界面原型	
验收标准	（1）界面符合 Android 设计规范，采用 Material 风格。 （2）界面适配大部分主流手机屏幕。 （3）界面字符串满足国际化要求，可以根据手机语言变换（中文和英文）。 （4）输入框应该有 Hint 提示		

本章小结

本章主要介绍了 Android 界面设计中常用的布局及控件，讲解了 View 和 ViewGroup 之间的关系。对于常用控件 TextView、EditView 和 Button 要熟练掌握，对于布局中的线性布局 LinearLayout 和相对布局 RelativeLayout 要熟练掌握，并要能够使用布局之间的嵌套实现界面效果。本章的主要内容用思维导图总结如下：

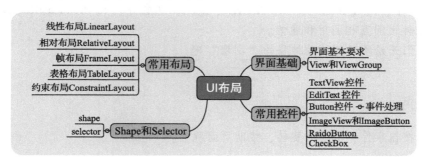

第 4 章 Activity 和 Intent 详解

小猿做介绍

前面学习了 Android 的 UI 控件，我们可以利用这些控件设计出精美的界面，但是仅仅是界面而已，无法为用户提供具体操作，接下来就要开始学习交互逻辑与业务实现方法了。Activity（活动）和 Intent（意图）是实现业务逻辑的"利器"。

Activity 是一种可以包含用户界面的用户组件，用户可与其提供的界面进行交互完成具体任务，如拨打电话、拍摄照片、发送电子邮件或查看地图等操作都是通过 Activity 实现的。一个应用程序中可以包含零个或多个活动，但不包含任何活动的应用程序很少见，因为没有活动的应用程序无法被用户看到。

Intent 作为不同应用程序、组件之间的媒介，协助各应用程序之间、组件之间的交互与通信。在 Android 中，通过 Intent 来协助 Activity、Service（服务）和 BroadcastReceiver（广播接收器）三大组件之间互相调用和通信。

下面让我们开始学习这两种神秘的"利器"吧。

小猿发布任务

实现登录按钮事件、引导页跳转、帮助页面跳转。

小猿做培训

程序员的自我修养

一个合格的程序员，需要全面、高效、严谨地处理软件开发和业务逻辑问题，不断提高自我修养。

首先，要能准确理解用户业务诉求，学会换位思考。关于产品经理、项目经理和程序员之间的博弈似乎没有停止过，归其根源是缺乏换位思考的意识。用户产品需求一变再变，这可能是程序员面临的最痛苦的事情，但是现实项目中这是会经常发生

> 的，因为项目管理和用户需求分析是一个渐进明晰的过程，尤其是 APP 产品开发，用户业务需求存在很多变数。理性面对用户越来越高的品味，正确处理与项目经理、产品经理之间的关系尤为重要。
>   其次，在编写代码的过程中，要善于学习总结、掌握方式方法、谦虚谨慎，在一次次的磨砺中，你可能会逐步向顶级程序员靠近。
>   最后，程序开发是一个迭代完善的过程，要敢于刀刃向内主动完善代码。对待测试人员提出的任何 bug，都要耐心解决，做到 bug 立行立改，这是对产品负责，也是对自己负责。

4.1 Activity 的生命周期

4.1.1 生命周期的状态

Activity 是 Android 组件中最基本也是最为常用的四大组件之一。Android 四大组件包括 Activity、Service、Content Provider（内容提供）和 BroadcastReceiver。Activity 中的所有操作都与用户密切相关，是一个负责与用户交互的组件。

Activity 的生命周期主要指 Activity 从启动到销毁的过程。理解 Activity 生命周期对于开发更好用户体验的应用程序并合理管理应用资源很有必要。

在 Android 应用中，可以有多个 Activity，多个 Activity 活动可以层叠，这些 Activity 由 Activity 堆栈进行统一管理，每个活动在其生命周期中最多可能有 4 种状态，如图 4-1 所示。

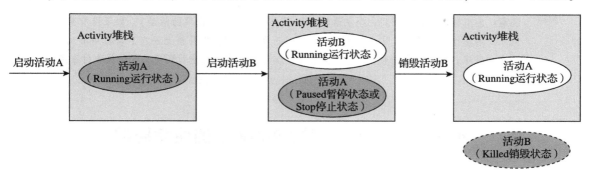

图 4-1 Activity 的生命周期示意

（1）启动活动 A，活动 A 处于 Activity 栈顶，用户可见并可交互，活动 A 处于运行状态（Running）。

（2）一个新的活动 B 被启动后，原活动 A 被新活动覆盖，活动 B 加入 Activity 栈顶，将处于屏幕的最前方，用户可见并可交互，活动 B 处于运行状态（Running），原活动 A 处于暂停状态（Paused）或停止状态（Stop）。

（3）当活动 B 被移除销毁后，活动 B 处于销毁状态（Killed），活动 B 被移出 Activity 堆栈，需要重新启动后才可以显示和使用；下一层的活动 A 处于运行状态（Running）。

注意：销毁活动可通过按 <Backspace> 键或调用 finish()方法来实现，销毁最上面的活动后，处于栈顶的活动会出栈，下面一个活动就会重新进入栈顶的位置，系统总是会显示处于栈顶的活动给用户。

  暂停状态和停止状态的区别：处于暂停状态的活动，不再处于栈顶位置，但仍然可见，因为处于栈顶位置的活动是透明的或活动并不是铺满整个手机屏幕；处于停止状态的活动，不再处于栈顶位置，并且被其他活动完全遮挡，完全不可见。

4.1.2　生命周期状态转换的方法

Activity 类中定义了 7 种回调方法，可以实现 Activity 生命周期状态之间的转换。下面逐一介绍这 7 种方法。

（1）onCreate()：Activity 启动后的第一个被调用的方法，主要用来初始化 Activity，如绑定事件、加载布局、创建 View 等。

（2）onStart()：当 Activity 为用户可见显示在屏幕上时，调用该方法。

（3）onResume()：当 Activity 为能够与用户交互，接收用户操作输入时，调用该方法，活动将处于运行状态。

（4）onPause()：当 Activity 将进入暂停状态时，该方法被调用。

（5）onStop()：当 Activity 将进入停止状态时，该方法被调用。

（6）onDestroy()：当 Activity 将进入销毁状态时，该方法被调用。

（7）onRestart()：当 Activity 被停止以后需要重新打开时调用。

注意：应用程序中需声明一个主活动（即至少有一个处于栈顶的活动），如果没有声明任何一个活动作为主活动，这个程序仍然是可以正常安装的，但是将无法在启动器中看到或打开这个程序。这种程序一般作为第三方服务供其他应用在内部进行调用，如微信支付服务。

4.2　【案例】 测试 Activity 的生命周期

4.2.1　案例描述

通过在一个程序中创建一个 Activity 来让初学者更直观地认识 Activity 的生命周期。

4.2.2　案例分析

在 MainActivity 中重写 Activity 生命周期的方法，并在每个方法中通过 Log 打印信息来观察具体的调用情况。

4.2.3 案例实现

首先创建一个名为 ActivityLifeCycle 的应用程序，指定包名为 net.hnjdzy.examples.chapter04.activityLifeCycle。具体代码如下：

```java
1. public class MainActivity extends AppCompatActivity {
2.    @Override
3.    protected void onCreate(Bundle savedInstanceState) {
4.        super.onCreate(savedInstanceState);
5.        setContentView(R.layout.activity_main);
6.        Log.i("MainActivity","调用 onCreate()");
7.    }
8.    @Override
9.    protected void onStart() {
10.       super.onStart();
11.       Log.i("MainActivity","调用 onStart()");
12.   }
13.   @Override
14.   protected void onResume() {
15.       super.onResume();
16.       Log.i("MainActivity","调用 onResume()");
17.   }
18.   @Override
19.   protected void onPause() {
20.       super.onPause();
21.       Log.i("MainActivity","调用 onPause()");
22.   }
23.   @Override
24.   protected void onStop() {
25.       super.onStop();
26.       Log.i("MainActivity","调用 onStop()");
27.   }
28.   @Override
29.   protected void onDestroy() {
30.       super.onDestroy();
31.       Log.i("MainActivity","调用 onDestroy()");
32.   }
33.   @Override
34.   protected void onRestart() {
35.       super.onRestart();
36.       Log.i("MainActivity","调用 onRestart()");
37.   }
38. }
```

当第一次运行程序时，在 LogCat 中观察输出日志，可以发现程序启动后依次调用了 onCreate( ) 方法、onStart( ) 方法、onResume( ) 方法。当调用 onResume( ) 方法之后程序不再向下进行，这时应用程序处于运行状态，等待与用户进行交互，运行效果如图 4 – 2 所示。

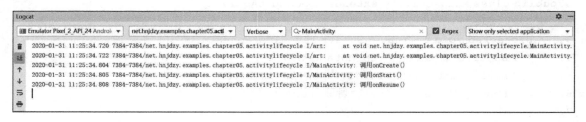

图 4 – 2　LogCat 日志信息 1

接下来按模拟器上的 < Backspace > 键，可以看到程序退出，同时 LogCat 中有新的日志输出，发现程序依次调用了 onStop( ) 方法、onDestroy( ) 方法，当调用了 onDestroy( ) 方法之后 Activity 被销毁并清理出内存，运行结果如图 4 – 3 所示。

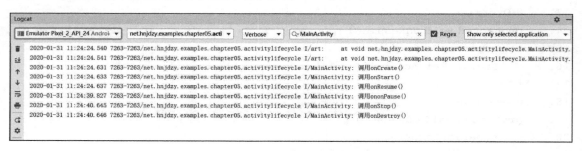

图 4 – 3　LogCat 日志信息 2

　注意：代码中重写了 onRestart( ) 方法，但是在 Activity 生命周期中并没有进行调用，这是因为程序中只有一个 Activity，无法进行从停止状态到再次启动状态的操作，当程序中有多个 Activity 进行切换时就可以看到 onRestart( ) 方法的执行。

4.3　事件处理

在 Android 应用程序中，当用户在界面上执行各种操作时，应用程序需要响应动作，响应动作是通过事件处理来完成的。

下面主要从以下几个方面介绍 Android 平台的事件处理机制：基于监听接口机制的事件处理、基于回调机制的事件处理、Handler 消息机制。

4.3.1 基于监听接口机制的事件处理

监听接口机制是一种委派式 Delegation 的事件处理机制，由事件源、事件、事件监听器三类对象组成，事件源与事件监听器分离，便于程序维护。事件源将事件处理委托给事件监听器，当事件源发生指定事件时，就通知指定事件监听器执行相应的操作。事件监听机制中的事件处理流程如图 4-4 所示。

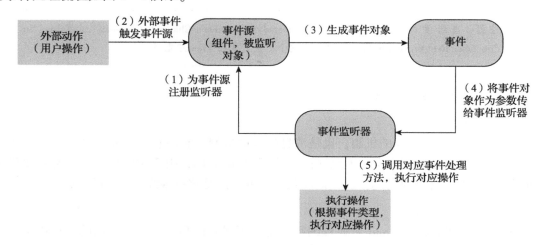

图 4-4 监听机制中的事件处理流程

事件监听机制中的事件处理具体处理步骤如下。
（1）为某个事件源（组件）设置一个监听器，用于监听用户操作。
（2）用户的操作，触发了事件源的监听器。
（3）生成了对应的事件对象。
（4）将这个事件对象作为参数传给事件监听器。
（5）事件监听器对事件对象进行判断，执行对应的操作。

Android 基于监听接口的事件处理方法主要有 OnClickListener、OnLongClickListener、OnFocusChangeListener、OnKeyListener、OnTouchListener、OnCreateContextMenuListener 等。

4.3.2 基于回调机制的事件处理

回调机制是将功能定义与功能分开的一种手段，基于一种解耦合的设计思想，通过为用户提供统一接口，具体实现依赖于客户，做到接口统一，实现不同。系统通过在不同的状态下回调实现类，从而达到接口和实现的分离。

在 Android 平台中，每个 View 都有自己处理事件的回调方法，通过重写 View 中的回调方法实现具体需要执行的响应事件。当某个事件没有对应 View 处理时，就会调用 Activity 中对应的回调方法。常用的回调方法如下。
（1）触发屏幕事件：boolean onTouchEvent（MotionEvent event）。
（2）按下某个按钮时：boolean onKeyDown（int keyCode，KeyEvent event）。
（3）释放某个按钮时：boolean onKeyUp（int keyCode，KeyEvent event）。

（4）长按某个按钮时：boolean onKeyLongPress（int keyCode，KeyEvent event）。
（5）键盘快捷键事件发生：boolean onKeyShortcut（int keyCode，KeyEvent event）。
（6）触发轨迹球屏：boolean onTrackballEvent（MotionEvent event）。
（7）当组件的焦点发生改变：protected void onFocusChanged（boolean gainFocus，int direction，Rect previously FocusedRect）。

注意：当组件的焦点发生改变，protected void onFocusChanged（boolean gainFocus，int direction，Rect previously FocusedRect）这个方法只能在 View 中重写。

4.3.3 Handler 消息机制

1. Handler 概述

Handler 是更新 UI 界面的机制，也是消息处理的机制，利用它可以发送消息，也可以处理消息。Android 为了线程安全，不允许在 UI 线程外操作 UI，很多时候界面刷新都需要借助 Handler 来通知 UI 组件更新，引入 Handler 最根本的原因是解决多线程并发的问题。

2. Handler 工作机制

Handler 工作机制在 Android 多线程编程中是不可或缺的角色，它在使用的过程中主要与 Messgae（消息）、MessageQueue（消息队列）和 Looper（循环器）这 3 个对象关联密切，Handler 机制的实现原理依赖于这 3 者。在介绍 Handler 工作机制之前，大家有必要了解以下几个概念。

（1）Message：消息，Handler 接收与处理的消息对象，可以理解为线程间通信的数据单元。例如，后台线程在处理数据完毕后需要更新 UI，则可发送一条包含更新信息的 Message 给 UI 线程。

（2）MessageQueue：消息队列，用来存放通过 Handler 发布的消息，先进先出管理 Message，在初始化 Looper 对象时会创建一个与之关联的 MessageQueue。

（3）Looper：循环器，是 MessageQueue 和 Handler 之间的"纽带"，每个线程只能够有一个 Looper 管理 MessageQueue，循环取出 MessageQueue 中的 Message，并交付给相应的 Handler 进行处理。Handler 的作用就是发送与处理信息，如果希望 Handler 正常工作，在当前线程中要有一个 Looper 对象。

（4）UI thread：UI 线程，就是主线程，系统在创建 UI 线程的时候会初始化一个 Looper 对象，同时也会创建一个与其关联的 MessageQueue。

Handler 是 Message 的主要处理者，负责将 Message 添加到 MessageQueue，以及对 MessageQueue 中的 Message 进行处理。Handler 工作机制如图 4 – 5 所示，当子线程需要修改 Activity 中的 UI 组件时，可以新建一个 Handler 对象，通过这个对象向主线程（UI 线程）发送信息；而发送的信息会先到主线程（UI 线程）的 MessageQueue 中进行等待，由 Looper 按先入先出顺序取出，再根据 Message 对象的 what 属性分发给对应的 Handler 进行处理。

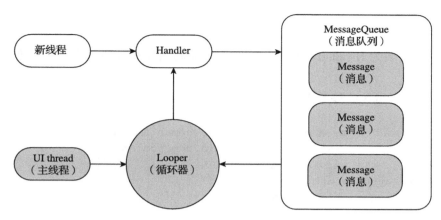

图4-5 Handler 工作机制

3. Handler 的主要方法

（1）void handleMessage（Message msg）：处理消息的方法，主要用于被重写。

（2）sendEmptyMessage（int what）：发送空消息。

（3）sendEmptyMessageDelayed（int what，long delayMillis）：指定延时多少毫秒后发送空信息。

（4）sendMessage（Message msg）：立即发送信息。

（5）sendMessageDelayed（Message msg）：指定延时多少毫秒后发送信息。

（6）final boolean hasMessage（int what）：检查消息队列中是否包含 what 属性为指定值的消息；如果参数为（int what，Object object），除了判断 what 属性，还需要判断 Object 属性是否为指定对象的消息。

 注意：更新 UI 界面除使用 Handler 完成界面更新外，还有其他方式，如还可以使用 runOnUiThread( ) 来更新，甚至使用更高级的事务总线。

4.4 【案例】 定时切换图

4.4.1 案例描述

实现一个定时切换图的程序，通过 Timer 定时器，定时修改 ImageView 显示的内容，从而形成帧动画。效果如图4-6所示。

4.4.2 案例分析

在主线程中，首先初始化一个 Looper 对象，然后直接创建 Handler 对象，就可以进行信息的发送与处理了。

图4-6 运行效果图

4.4.3 案例实现

首先创建一个名为 HandlerDemo 的应用程序。复制图片素材到相应的文件夹,具体代码如下。

(1) activity_main.xml 参考代码。

```
1. <RelativeLayout xmlns:android = "http://schemas.android.com/apk/res/Android"
2.     xmlns:tools = "http://schemas.android.com/tools"
3.     android:id = "@ + id/RelativeLayout1"
4.     android:layout_width = "match_parent"
5.     android:layout_height = "match_parent"
6.     android:gravity = "center"
7.     tools:context = ".MainActivity" >
8.     <ImageView
9.         android:id = "@ + id/imgchange"
10.        android:layout_width = "wrap_content"
11.        android:layout_height = "wrap_content"
12.        android:layout_alignParentLeft = "true"
13.        android:layout_alignParentTop = "true" />
14. </RelativeLayout>
```

(2) MainActivity.java 参考代码。

```
1. public class MainActivity extends AppCompatActivity {
2.     int imgstart = 0;
3.     ImageView imgchange;
4.     int imgids[] = new int[]{
5.         R.drawable.z_01, R.drawable.z_02, R.drawable.z_03,
6.         R.drawable.z_04, R.drawable.z_05, R.drawable.z_06,
7.         R.drawable.z_07};
8.     final Handler myHandler = new Handler() {
9.         @Override
10.        public void handleMessage(Message msg) {
11.            super.handleMessage(msg);
12.            if (msg.what == 0x123) {
13.                imgchange.setImageResource(imgids[imgstart + + % 7]);
14.            }
15.        }
16.     };
17.     @Override
18.     protected void onCreate(Bundle savedInstanceState) {
19.         super.onCreate(savedInstanceState);
20.         setContentView(R.layout.activity_main);
21.         imgchange = (ImageView)this.findViewById(R.id.imgchange);
```

```
22.        //使用定时器,每隔200ms让Handler发送一个空信息
23.        new Timer().schedule(new TimerTask() {
24.            @Override
25.            public void run() {
26.                myHandler.sendEmptyMessage(0x123);
27.            }
28.        },0,200);
29.    }
30. }
```

4.5 Intent 概述

Intent，中文意思是意图、意向和目的。Intent 是 Android 程序中各组件之间进行交互与通信的一种重要方式。Intent 不仅可用于应用程序之间的交互，还可用于应用程序内部的组件（如 Activity、Service 等）之间的交互。Intent 不仅可以指明当前组件想要执行的动作，还可以在不同组件之间传递数据。Intent 一般可被用于启动活动（Activity）、启动服务（Service）及发送广播（Broadcasts），例如：

（1）使用 startActivity（Intent）/startActivityForResult（Intent）来启动一个 Activity。

（2）使用 startService（Intent）/bindService（Intent）来启动一个 Service。

（3）使用 sendBroadcast 发送广播到指定 BroadcastReceiver。

4.5.1 显式 Intent 与隐式 Intent

Intent 分为两种：显式 Intent 和隐式 Intent。

（1）显式 Intent：通过指定目标组件名称（Component Name）确定目标组件，其意图非常明显，不需要通过解析，就知道启动哪个活动，一般用于应用程序内部信息。例如，一个活动启动一个下属活动或启动一个兄弟活动。

```
//通过指定类名的显式意图
    Intent m1 = new Intent(FirstActivity.this, SecondAcitivity.class);
    //启动目标活动
    startActivity(m1);
```

（2）隐式 Intent：没有为目标组件命名，组件名称的域为空，其意图比较含蓄，指定 Intent 的 Action、Data 或 Category，要通过解析，才能确定需要启动的目标组件。隐式 Intent 经常用于激活其他应用程序的组件。

```
Intent m2 = new Intent();
    m2.setAction(android.content.Intent.ACTION_VIEW);
    m2.setData(ContactsContract.Contacts.CONTENT_URI);
    startActivity(m2);
```

注意：隐式 Intent 的解析机制主要是在 AndroidManifest.xml 中查找已注册的所有 Intent 过滤器及 Intent 过滤器中定义的 Intent。

Intent 过滤器根据 Intent 中的动作、类别和数据等内容，对适合接收该 Intent 的组件进行匹配和筛选。Intent 过滤器可以匹配数据类型、路径和协议，还可以确定多个匹配项顺序的优先级。应用程序的 Activity、Service 及 BroadcastReceiver 组件都可以注册 Intent 过滤器。

4.5.2 Intent 对象的属性

Intent 对象主要包括 7 大属性，如图 4-7 所示，其中最常用的是 action（动作）和 data（数据）属性。

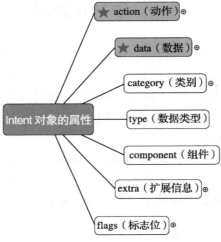

图 4-7 Intent 属性

1. action 属性

action 属性为一个字符串常量，是 Intent 要完成的动作，常见动作如图 4-8 所示。

```
action（动作）
  ACTION_MAIN       ⊖ Android程序入口，任务最初启动的Actwity，不带任何输入输出数据
  ACTION_VIEW       ⊖ 对以URI方式传递的数据，根据URI协议部分以最佳方式启动相应的Activity进行处理
  ACTION_ANSWER     ⊖ 打开接听电话的Activity，默认为Android内置的拨号盘界面
  ACTION_CALL       ⊖ 打开拨号盘界面开始拨打电话，使用URI中的数字部分作为电话号码
  ACTION_DIAL       ⊖ 打开内置的拨号盘界面，显示URI中提供的电话号码
  ACTION_INSERT     ⊖ 打开一个Activity，对所提供数据的当前位置进行插入操作
  ACTION_DELETE     ⊖ 打开一个Activity，对所提供的数据进行删除操作
  ACTION_EDIT       ⊖ 打开一个Activity，对所提供的数据进行编辑操作
  ACTION_PICK       ⊖ 启动一个Activity，从所提供的数据列表中选取一项
  ACTION_SEARCH     ⊖ 启动一个Activity，执行搜索动作
  ACTION_WEB_SEARCH ⊖ 打开一个Activity，对提供的数据进行Web搜索
  ACTION_SENDTO     ⊖ 启动一个Activity，向数据提供的联系人发送信息
  ACTION_SEND       ⊖ 启动一个可以发送数据的Activity
  ACTION_GET_CONTENT⊖ 让用户选择数据，并返回所选数据
```

图 4-8 action 属性的常见动作

2. data 属性

data 属性用于向 action 属性提供操作的数据，是执行动作的 URI 和 MIME 类型，不同的 action 由不同的 data 数据指定。例如，ACTION_VIEW 应用和要显示的 URI 匹配，ACTION_EDIT 应用和要编辑的文档 URI 匹配。

URI 的格式为 scheme：//host：port/path。

系统内置的几个 data 属性常量，如图 4-9 所示。

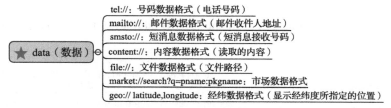

图 4-9 data 属性常量

3. category 属性

category 属性为一个执行动作 action 增加额外的附加类别信息。一个 Intent 可以包含多个 category 属性，常用的 category 属性常量如图 4-10 所示。

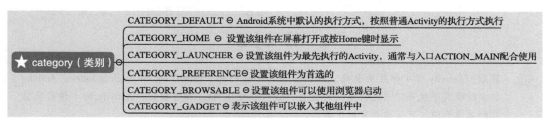

图 4-10 category 属性

4. type 属性

type 属性用于指定 data 所指定的 URI 对应的 MIME 类型。MIME 只要符合"abc/xyz"这样的字符串格式即可。通常，data 和 type 属性一般只需要一个，通过 setData 方法会把 type 属性设置为 null，相反通过 setType 方法会把 data 属性设置为 null。如果想要两个属性同时设置，则要使用 setDataAndType() 方法，该方法中有两个参数，第一个参数是 URI，第二个参数是数据类型。

5. component 属性

component 属性指定 Intent 的目标组件的类名称，因为明确了将要启动哪个组件，所以这种 Intent 被称为显式 Intent。反之，没有指定类名称属性的 Intent 被称为隐式 Intent。

6. extra 属性

extra 属性用于添加一些组件的附加和扩展信息。Intent 提供了 put×××() 和 get×××() 方法，设置和读取额外的信息。例如，通过 intent.putExtra（键，值）的形式在多个 Activity 之间进行数据交换。系统内置的几个 extra 常量如图 4-11 所示。

7. flags 属性

flags 属性是期望这个 Intent 的运行模式，表示不同来源的标记，多数用于指示 Android 如

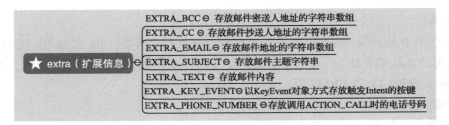

图 4-11 extra 属性

何启动 Activity，以及启动后如何运作。Intent 可调用 addFlags() 方法来为 Intent 添加控制标记。常用 flags 如图 4-12 所示。

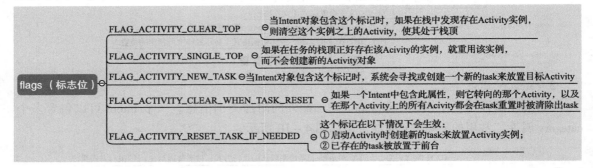

图 4-12 flags 属性

> **注意**：Activity 有 4 种启动模式，即 standard、singleTop、singleTask 和 singleInstance。Activity 的启动模式不仅可以通过清单文件设置，还可以使用 flags 属性设置。Activity 的 4 种启动模式的具体介绍，可以通过官网了解。

4.6 【案例】简单登录

4.6.1 案例描述

实现一个简单的登录界面及登录信息的显示。需要用到 Intent 传递数据。用户单击"登录"按钮后，提示用户登录，登录进入第二个界面，显示用户信息。界面效果如图 4-13 所示。

4.6.2 案例分析

从案例的运行效果图中可以看出，需要创建两个布局文件，再依次添加控件即可。本案例的实现需要依次完成以下工作。

图 4-13 运行效果图

1. 界面设计

登录界面和用户信息显示界面根据第 3 章的放置垂直方向的线性布局,分别按照图 4-13 所示进行设计。

2. 在 Java 代码中初始化控件

在 MainActivity.java 和 InfoActivity 中,首先要获取各个控件,对控件进行初始化。然后就可以给按钮添加单击事件监听器,并根据程序的逻辑来实现案例的功能。

3. 使用 Intent 的 putExtra() 方法传递数据

由于目前所学内容有限,所以并没有连接数据库和实体类,在我们的案例中,当用户单击"登录"按钮后,只需使用 putExtra() 方法传递用户信息数据,并能够将用户信息统一显示在另一界面中。

4.6.3 案例实现

1. 创建 Activity 并进行布局

在 net.hnjdzy.examples.chapter04 包中创建 IntentActivity,修改布局文件。activity_main.xml 布局文件的关键代码如下:

```
1.  <LinearLayout
2.      android:layout_width = "wrap_content"
3.      android:layout_height = "wrap_content"
4.      android:layout_alignParentEnd = "false"
5.      android:layout_alignParentRight = "false"
6.      android:layout_alignParentBottom = "false"
7.      android:layout_marginTop = "20dp"
8.      android:orientation = "vertical" >
9.      <LinearLayout
10.         android:layout_width = "wrap_content"
11.         android:layout_height = "wrap_content"
12.         android:orientation = "horizontal" >
13.         <TextView
14.             android:id = "@ + id/tv_username"
15.             android:layout_width = "wrap_content"
16.             android:layout_height = "wrap_content"
17.             android:text = "用户名:"
18.             android:textSize = "30sp" />
19.         <EditText
20.             android:id = "@ + id/et_username"
21.             android:layout_width = "168dp"
22.             android:layout_height = "wrap_content"
23.             android:hint = "请输入用户名"
24.             android:textSize = "20sp" />
25.     < /LinearLayout >
26.     <LinearLayout
```

```xml
27.        android:layout_width = "wrap_content"
28.        android:layout_height = "wrap_content"
29.        android:orientation = "horizontal" >
30.        <TextView
31.            android:id = "@+id/tv_password"
32.            android:layout_width = "wrap_content"
33.            android:layout_height = "wrap_content"
34.            android:text = "密    码:"
35.            android:textSize = "30sp" />
36.        <EditText
37.            android:id = "@+id/et_password"
38.            android:layout_width = "173dp"
39.            android:layout_height = "wrap_content"
40.            android:hint = "请输入密码"
41.            android:password = "true"
42.            android:textSize = "20sp" />
43.    </LinearLayout>
44.    <LinearLayout
45.        android:layout_width = "wrap_content"
46.        android:layout_height = "wrap_content"
47.        android:layout_marginTop = "20dp" >
48.        <TextView
49.            android:id = "@+id/textView2"
50.            android:layout_width = "wrap_content"
51.            android:layout_height = "wrap_content"
52.            android:layout_weight = "1"
53.            android:text = "性    别:"
54.            android:textSize = "30sp" />
55.        <RadioGroup
56.            android:layout_width = "wrap_content"
57.            android:layout_height = "wrap_content"
58.            android:layout_marginLeft = "20dp"
59.            android:orientation = "horizontal" >
60.            <RadioButton
61.                android:id = "@+id/rb_man"
62.                android:layout_width = "wrap_content"
63.                android:layout_height = "wrap_content"
64.                android:layout_marginLeft = "10dp"
65.                android:layout_weight = "1"
66.                android:checked = "true"
67.                android:text = "男"
68.                android:textSize = "26sp" />
69.            <RadioButton
70.                android:id = "@+id/rb_woman"
71.                android:layout_width = "wrap_content"
72.                android:layout_height = "wrap_content"
```

```xml
73.            android:layout_gravity = "center_vertical"
74.            android:layout_marginLeft = "20dp"
75.            android:layout_weight = "1"
76.            android:text = "女"
77.            android:textSize = "26sp" />
78.        </RadioGroup>
79.    </LinearLayout>
80.    <LinearLayout
81.        android:layout_width = "wrap_content"
82.        android:layout_height = "wrap_content"
83.        android:layout_marginLeft = "50dp"
84.        android:layout_marginTop = "30dp" >
85.    </LinearLayout>
86.    <Button
87.        android:id = "@ + id/btn_login"
88.        android:layout_width = "match_parent"
89.        android:layout_height = "wrap_content"
90.        android:layout_weight = "1"
91.        android:text = "登录"
92.        android:textSize = "20sp" />
93.    <Button
94.        android:id = "@ + id/btn_cancel"
95.        android:layout_width = "match_parent"
96.        android:layout_height = "wrap_content"
97.        android:text = "取消"
98.        android:textSize = "20sp" />
99. </LinearLayout>
```

2. 在 MainActivity.java 中实现程序逻辑

```java
1.  public class MainActivity extends AppCompatActivity implements View.OnClickListener {
2.      Button login,cancle;
3.      EditText user,pwd;
4.      RadioButton man,woman;
5.      String username,password,sex;
6.      @Override
7.      protected void onCreate(Bundle savedInstanceState) {
8.          super.onCreate(savedInstanceState);
9.          setContentView(R.layout.activity_main);
10.         login = (Button)findViewById(R.id.btn_login);
11.         cancle = (Button)findViewById(R.id.btn_cancel);
12.         user = (EditText)findViewById(R.id.et_username);
13.         pwd = (EditText)findViewById(R.id.et_password);
14.         man = (RadioButton)findViewById(R.id.rb_man);
```

```
15.         woman=(RadioButton)findViewById(R.id.rb_woman);
16.         login.setOnClickListener(this);
17.         cancle.setOnClickListener(this);
18.     }
19.     @Override
20.     public void onClick(View v){
21.         switch(v.getId()){
22.             case R.id.btn_login:
23.                 username = user.getText().toString().trim();
24.                 password = pwd.getText().toString().trim();
25.                 if(man.isChecked()){
26.                     sex ="男";
27.                 }else{
28.                     sex ="女";
29.                 }
30.                 checkLogin();
31.                 break;
32.             case R.id.btn_cancel:
33.                 break;
34.         }
35.     }
36.     private void checkLogin(){
37.         if(username.equals("HNJD") && password.equals("hnjd")){
38.             Intent intent =new Intent(this,InfoActivity.class);
39.             intent.putExtra("user",username);
40.             intent.putExtra("pwd",password);
41.             intent.putExtra("sex",sex);
42.             startActivity(intent);
43.         }
44.     }
45. }
```

3. 创建 activity_info.xml 并进行布局

```
1. <?xml version="1.0" encoding="utf-8"?>
2. <RelativeLayout xmlns:android="http://schemas.android.com/apk/res/Android"
3.     xmlns:tools="http://schemas.android.com/tools"
4.     android:id="@+id/activity_info"
5.     android:layout_width="match_parent"
6.     android:layout_height="match_parent"
7.     tools:context=".InfoActivity" >
8.     <TextView
9.         android:id="@+id/info_username"
10.        android:layout_width="wrap_content"
11.        android:layout_height="wrap_content"
```

```
12.         android:text = "Text Test:"
13.         android:textSize = "30sp"
14.         android:layout_alignParentTop = "true"
15.         android:layout_centerHorizontal = "true" />
16.     <TextView
17.         android:id = "@ +id/info_password"
18.         android:layout_width = "wrap_content"
19.         android:layout_height = "wrap_content"
20.         android:text = "Text Test:"
21.         android:textSize = "30sp"
22.         android:layout_marginTop = "36dp"
23.         android:layout_below = "@ +id/info_username"
24.         android:layout_alignLeft = "@ +id/info_username"
25.         android:layout_alignStart = "@ +id/info_username" />
26.     <TextView
27.         android:id = "@ +id/info_sex"
28.         android:layout_width = "wrap_content"
29.         android:layout_height = "wrap_content"
30.         android:text = "Text Test:"
31.         android:textSize = "30sp"
32.         android:layout_marginTop = "36dp"
33.         android:layout_below = "@ +id/info_password"
34.         android:layout_alignLeft = "@ +id/info_password"
35.         android:layout_alignStart = "@ +id/info_password" />
36. </RelativeLayout>
```

4. 在 InfoActivity.java 中实现程序逻辑

```
1. public class InfoActivity extends AppCompatActivity {
2.     Button button;
3.     TextView tv1,tv2,tv3;
4.     String sex,username,password;
5.     @Override
6.     protected void onCreate(Bundle savedInstanceState) {
7.         super.onCreate(savedInstanceState);
8.         setContentView(R.layout.activity_info);
9.         tv1 = (TextView)findViewById(R.id.info_username);
10.        tv2 = (TextView)findViewById(R.id.info_password);
11.        tv3 = (TextView)findViewById(R.id.info_sex);
12.        Intent getData = getIntent();
13.        username = getData.getStringExtra("user");
14.        password = getData.getStringExtra("pwd");
15.        sex = getData.getStringExtra("sex");
16.        tv1.setText("您的用户名:" +username);
17.        tv2.setText("您的密码:" +password);
```

```
18.        tv3.setText("您的性别:" + sex);
19.    }
```

4.7 程序调试

在实际开发过程中，对每个 Android 程序都会进行一系列的测试工作，以确保程序能够正常运行。测试 Android 程序有多种方法，如断点调试、Logcat（日志控制台）、单元测试，本节将针对断点调试和 Logcat 调试方法进行讲解，单元测试方法将在第 7 章中进行介绍。

4.7.1 断点调试

断点调试又分为 debug 模式和 Attach 模式的断点调试，下面详解介绍 debug 模式的断点调试。通过在 Tinyaccount 项目中编译 LoginActivity 代码进行 debug 模式的断点调试，具体代码如下：

```
1. private void Login()
2. {
3.     String name = editTextName.getText().toString();
4.     String pwd = editTextPwd.getText().toString();
5. if(name == "admin" && pwd == "admin")
6.     {
7.         Toast.makeText(this,"登录成功!",Toast.LENGTH_LONG).show();
8.     }
9. else
10.    {
11.        Toast.makeText(this,"登录失败!",Toast.LENGTH_LONG).show();
12.    }
13.}
```

根据图 4-14 设置断点（单击圆点位置添加或取消断点），然后根据图 4-15 单击"debug"按钮运行。

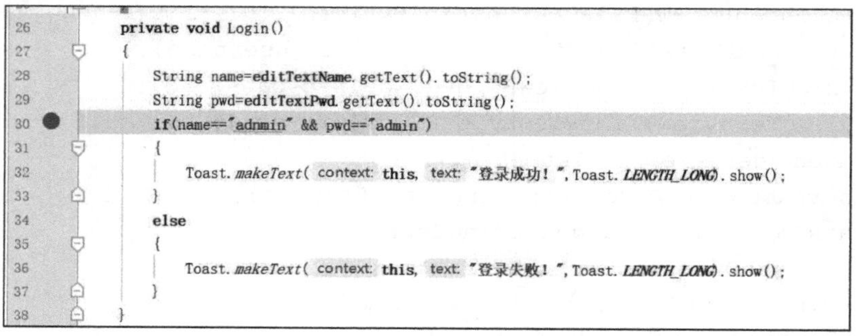

图 4-14 设置断点

图 4-15 debug 模式

现在可以看到调试程序停留在代码方法 Login 中，即程序的第 30 行。该区域是程序的方法调用栈区，如图 4-16 所示。

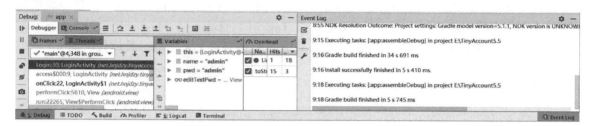

图 4-16 调试面板

如图 4-17 所示，方框中对应的按钮从左到右依次如下。

图 4-17 单步调试

（1）step over：程序向下执行一行，如果当前行有方法调用，这个方法将被执行完毕返回，然后到下一行。

（2）step into：程序向下执行一行。如果该行有自定义方法，则运行进入自定义方法（不会进入官方类库的方法）。

（3）Force step into：该按钮在调试的时候能进入任何方法。

（4）step out：如果在调试的时候进入了一个方法，并觉得该方法没有问题，就可以使用 step out 跳出该方法，返回到该方法被调用处的下一行语句。需要注意的是，该方法已执行完毕。

单击"单步调试"按钮或按 <F8> 键，可以看到 name 和 pwd 变量的值已经出来了（name 为"admin"，pwd 为"admin"），如图 4-18 所示。

图 4-18 变量当前的值

这时继续按 <F8> 键，可以切换到 logcat 查看日志。下面对 logcat 进行详细的介绍。

4.7.2 Logcat 断点调试

Logcat 是 Android 中的命令行工具，用于获取程序从启动到关闭的日志信息，Android 程序运行在设备中时，程序的调试信息就会输出到该设备单独的日志缓冲区中，要想从设备日志缓冲区中获取信息，就需要学会使用 Logcat。

Android 使用 Android.util.Log 类的静态方法实现输出程序的调试信息，Log 类所输出的日志内容分为 6 个级别，由低到高分别 Verbose、Debug、Info、Warning、Error、Assert。这些级别分别对应 Log 类中的 Log.v()、Log.d()、Log.i()、Log.w()、Log.e()、Log.wtf() 静态方法。

下面通过在 Tinyaccount 项目中编译 LoginActivity 代码打印 Log 信息，具体代码如下：

```
1. package net.hnjdzy.tinyaccount.activity;
2. import android.os.Bundle;
3. import android.support.v7.app.AppCompatActivity;
4. import android.util.Log;
5. import net.hnjdzy.tinyaccount.R;
6. public class LoginActivity extends AppCompatActivity {
7.     @Override
8.     protected void onCreate(Bundle savedInstanceState) {
9.         super.onCreate(savedInstanceState);
10.        setContentView(R.layout.activity_login);
11.        Log.v("LoginActivity","Verbose");
12.        Log.d("LoginActivity","Debug");
13.        Log.i("LoginActivity","Info");
14.        Log.w("LoginActivity","Warning");
15.        Log.e("LoginActivity","Error");
16.        Log.wtf("LoginActivity","Assert");
17.    }
18.}
```

运行上面的程序，此时 Logcat 对话框中打印的 Log 信息如图 4-19 所示。

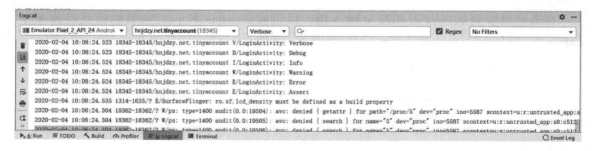

图 4-19 Log 信息

在图 4-19 中，由于 Logcat 输出的信息多而烦琐，找到所需的 Log 信息比较困难，因此可以使用过滤器，过滤掉不需要的信息。单击图 4-19 所示对话框右上角的下拉按钮，弹出的下拉列表如图 4-20 所示。

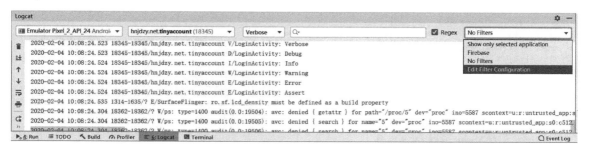

图 4-20　下拉列表

在图 4-20 中，选择下拉列表中的"Edit Filter Configuration"选项，弹出 Logcat 过滤器对话框，如图 4-21 所示。

Logcat 过滤器对话框中共有 6 个条目，每个条目都有特定的功能，具体说明如下。

（1）Filter Name：过滤器的名称，同样使用项目名称。

（2）Log Tag：根据定义的 TAG 过滤信息，通常使用类名。

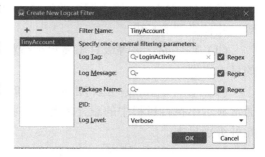

（3）Log Message：根据输出的内容过滤信息。

（4）Package Name：根据应用包名过滤信息。

（5）PID：根据进程 ID 过滤信息。

图 4-21　Logcat 过滤器对话框

（6）Log Level：根据日志的级别过滤信息。

按照图 4-21 显示的信息设置后，单击"OK"按钮，Logcat 中的信息如图 4-22 所示。

图 4-22　Logcat 过滤名称信息

在图 4-22 中，右上角的下拉列表中显示的即为过滤器的名称，此时 Logcat 对话框中打印的 Log 信息 TAG 都为 LoginActivity。

除设置过滤器过滤所需的信息外，还可以在搜索框中输入 TAG 信息，根据 Log 级别等方式过滤信息，如图 4-23 所示。

在图 4-23 中，单击 Logcat 对话框中的下拉按钮，在弹出的下拉列表中可以选择日志级别。假如当前选择的日志级别为 Error，在文本框中输入 LoginActivity，那么在日志对话框中显示的就只有 TAG 信息为 LoginActivity 的错误级别的日志信息。在 Android 中，日志的优先级从低到高分为以下几种。

图 4-23　根据级别过滤

（1）V—Verbose：最低级别，开发调试中的一些详细信息，仅在开发中使用，不可在发布产品中输出，不是很常见，包含诸如方法名、变量值之类的信息。

（2）D—Debug：用于调试的信息，可以在发布产品中关闭，比较常见，开发中经常选择输出此种级别的日志。

（3）I—Info：该等级日志显示运行状态信息，可在产品出现问题时提供帮助，是最常见的日志级别。

（4）W—Warning：运行出现异常即将发生错误或表明已发生非致命性错误，该级别日志通常显示出执行过程中的意外情况，如将 try-catch 语句块中的异常打印堆栈轨迹之后可输出此种级别日志。

（5）E—Error：错误，已经出现可影响运行的错误。

（6）Assert：显示断言失败后的错误信息。

 注意：Android 中也支持通过"System.out.println()"语句输出信息到 Logcat 控制台中，但不建议使用。因为程序中的 Java 代码比较多，使用这种方式输出的调试信息很难定位到具体代码中，打印时间无法确定，也不能添加过滤器，日志没有级别区分。

4.8 【项目实战】

4.8.1 实现登录按钮事件

1. 开发任务单

任务概况	任务描述	实现登录按钮事件		
	参与人员			
	所属产品	记账本 APP	开始时间	
	所属模块	用户管理	结束时间	
	任务类型	开发	预计工时	2 小时
	任务编号	DEV-04-001	实际工时	

任务要求	在记账本中，用户输入用户名 admin、密码 admin 后，单击"登录"按钮，出现"登录成功！"，如果输入其他账号，则出现"登录失败！"	用户故事/界面原型	
验收标准	（1）登录功能正常工作。 （2）程序符合代码规范要求		

2. 开发任务解析

要实现事件监听，方法有 2 种，第一种是在布局文件中使用属性 onClick 指定一个处理方法，第二种是使用 OnClickListener 监听器来实现。使用 OnClickListener 监听器又有 3 种方式，第一种是内部类实现，第二种是让 Activity 实现 OnClickListener 接口，第三种是匿名内部类实现。下面介绍第二种方法中的匿名内部类实现方式。

事件处理机制（匿名内部类）是调用 setOnClickListener 方法为按钮设置单击事件的监听器，当按钮被单击时回调监听器中的 onClick 方法，我们只需要把要实现的功能添加到 onClick 方法即可。

3. 开发过程

（1）打开 LoginActivity 类。

（2）修改 LoginActivity.java 代码。

```
1. public class LoginActivity extends AppCompatActivity {
2.     EditText editTextPassword,editTextName;
3.     Button btnLogin;
4.     @Override
5.     protected void onCreate(Bundle savedInstanceState) {
6.         super.onCreate(savedInstanceState);
7.         setContentView(R.layout.activity_login);
8.         btnLogin = (Button)this.findViewById(R.id.buttonLogin);
9.         editTextPassword = (EditText)this.findViewById(R.id.editTextPassword);
10.        editTextName = (EditText)this.findViewById(R.id.editTextName);
11.        btnLogin.setOnClickListener(new View.OnClickListener() {
12.            @Override
13.            public void onClick(View view) {
14.                login();
15.            }
16.        });
```

```
17.     }
18.     private void login() {
19.         String userName = editTextName.getText().toString();
20.         String userPassword = editTextPassword.getText().toString();
21.         if ("admin".equals(userName) && "admin".equals(userPassword))
22.         {
23.             Toast.makeText(this,"登录成功!",Toast.LENGTH_LONG).show();
24.         }else{
25.             Toast.makeText(this,"登录失败!",Toast.LENGTH_LONG).show();
26.         }
27.     }
28. }
```

4.8.2 实现引导页面跳转

1. 开发任务单

任务概况	任务描述	实现引导页面跳转		
	参与人员			
	所属产品	记账本 APP	开始时间	
	所属模块	用户管理	结束时间	
	任务类型	开发	预计工时	1 小时
	任务编号	DEV－04－002	实际工时	
任务要求	界面会显示一段时间（等待3秒后）消失，自动进入登录界面；也可以用户单击后直接进入主界面，不需要等待时间到	用户故事/界面原型		
验收标准	(1) 等待时间为 3 秒。 (2) 程序符合代码规范要求			

2. 开发任务解析

我们启动一个 APP 的时候，Android 系统会启动一个 Linux 进程，该进程包含一个线程，称为 UI 线程或主线程。主线程中运行着许多重要的逻辑，如系统事件处理、用户输入事件处理、UI 绘制、Service 等。

实现引导页面跳转功能，第一步修改 AndroidManifest.xml 文件，设置引导页面为启动页面；第二步创建一个 Handler，用于接收子线程发送的数据，并用此数据配合更新 UI；第三步使用 postDelayed( ) 设置延时。

3. 开发过程

（1）打开 SplashActivity 类。

（2）修改 SplashActivity.java 代码。

```java
public class SplashActivity extends AppCompatActivity {
    private Handler mHandler;
    @Override
    protected void onCreate(Bundle savedInstanceState) {
        super.onCreate(savedInstanceState);
        setContentView(R.layout.activity_splash);
        mHandler = new Handler();
        mHandler.postDelayed(run,3000);
    }
    Runnable run = new Runnable() {
        @Override
        public void run() {
            finish();
            Intent intent = new Intent(SplashActivity.this, LoginActivity.class);
            startActivity(intent);
        }
    }
}
```

4.8.3 挑战任务

1. 一星挑战任务：实现帮助页面跳转

任务概况	任务描述	实现帮助页面跳转		
	参与人员			
	所属产品	记账本 APP	开始时间	
	所属模块	用户管理	结束时间	
	任务类型	开发	预计工时	1 小时
	任务编号	DEV-04-003	实际工时	
任务要求	在侧滑帮助菜单，单击事件中指定要跳转 action 是 showhelp，启动 Intent。就能打开帮助界面	用户故事/界面原型		
验收标准	（1）帮助界面正常跳转。 （2）程序符合代码规范要求。			

2. 二星挑战任务：增强引导页跳转

任务概况	任务描述	增强引导页跳转		
	参与人员			
	所属产品	记账本 APP	开始时间	
	所属模块	用户管理	结束时间	
	任务类型	开发	预计工时	2 小时
	任务编号	DEV－04－004	实际工时	
任务要求	用户第一次启动 APP 的时候，显示引导页面，当第二次启动 APP 时，引导页面不出现	用户故事/界面原型		
验收标准	（1）引导页面功能正常实现。 （2）程序符合代码规范要求			

3. 三星挑战任务：隐式 Intent 打开网站

任务概况	任务描述	隐式 Intent 打开网站		
	参与人员			
	所属产品	记账本 APP	开始时间	
	所属模块	用户管理	结束时间	
	任务类型	开发	预计工时	2 小时
	任务编号	DEV－04－005	实际工时	
任务要求	（1）按钮单击事件，通过系统隐式 Intent 实现打开网站。 （2）在 setData 中指定打开的网页地址，运行后就能打开网站	用户故事/界面原型		
验收标准	（1）隐式 Intent 打开网站功能正常工作。 （2）程序符合代码规范要求			

本章小结

本章主要介绍了 Android 的 Activity 和 Intent；讲解了 Activity 的生命周期、事件处理机制和 Intent 的类型及属性。对于 Activity 的 4 种生命周期状态、事件处理机制、Intent 重要属性要熟练掌握，并要能够运用 Activity、事件处理机制和 Intent 实现用户与组件之间的交互效果。对于本章提供的案例和实战练习，大家要认真练习，加深对知识点的理解和掌握力度。本章的主要内容用思维导图总结如下：

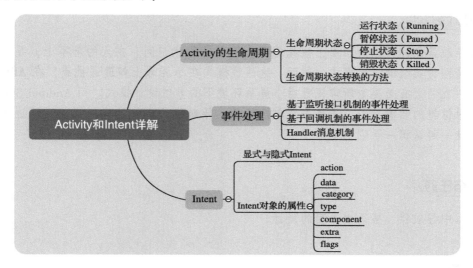

第 5 章 Fragment 的应用

小猿做介绍

　　移动导航就像你真正的朋友，彼此需要，但又给彼此空间。在大的屏幕上，导航置顶或导航居左是两种典型的设计模式，然而，这两种模式在小屏幕上却遭遇挑战，在 APP 日渐流行的今天，我们更有必要重新审视针对小屏幕环境下的导航设计模式。而 Android Studio 提供了动画效果惊艳的侧滑导航，当单击菜单按钮后，导航模块会像抽屉一样从页面边缘滑动出现。下面就一起认识一下它们吧！

小猿发布任务

　　记账本中导航栏、多页主界面的设计。

小猿做培训

程序员并非吃"青春饭"

　　有人说程序员就是个敲代码的，而在小猿心中，作为一个程序员，我想说程序员更是一个艺术家。画家用笔描绘锦绣山河，而程序员用代码编织科技生活。

　　有人把程序员称为"码农"，说程序员就是吃青春饭的，最多只能做到 35 岁，都是年轻人的天下。对此，我笑着否认了，"这个行业可能目前的状况是年轻人居多，但如果喜欢它，做几十年，甚至做一辈子有什么不可以呢？"

　　在小猿看来，身边有一些人到一定年纪就去转型做其他职业了，但仍有很多人坚守在这一岗位上。"编程是可以做一辈子的，关键在于你对它的热爱。"其实很多数据显示，老程序员和年轻的程序员在一些新技能的学习方面来说是差不多的，有些项目上还超过了年轻的程序员。

　　"现在许多的年轻程序员太浮躁了，其实 30 岁对程序员来说才是刚刚开始。"小猿认为，注重脑力和与时俱进的程序员一般不会担心成为吃青春饭的人，而一个程序员的事业成就和年龄其实并没有太明显的关系。"每个人都有取得卓越成绩的机会，关键在于你对自己的定位是什么，要求是什么。"对于踏入这一行业的年轻人，小猿认为，想干好这一行，不但需要高度的自律，而且要始终保持足够的兴趣和热情，特别是学习的激情，趁年轻打好基础，路才会越走越顺。

5.1 使用 Fragment

5.1.1 Fragment 简介

Fragment（碎片）是一种嵌入在 Activity 中的 UI 片段，它可以用来描述 Activity 中的一部分布局。如果 Activity 界面布局中的控件比较多且比较复杂，那么 Activity 管理起来就很麻烦，我们可以使用 Fragment 把屏幕划分成几个片段，进行模块化的管理，从而使程序更加合理，并可以充分地利用屏幕的空间。

一个 Activity 中可以包含多个 Fragment，一个 Fragment 也可以在多个 Activity 中使用，如果在 Activity 中有多个相同的业务模块，则可以复用 Fragment。

5.1.2 创建 Fragment

与 Activity 类似，创建 Fragment 时必须创建一个类继承自 Fragment。创建 GoodInfoFragment 类的实例代码如下：

```
1. public class GoodInfoFragment extends Fragment {
2.     @Override
3.     public View onCreateView(LayoutInflater inflater, ViewGroup container,
4.         Bundle savedInstanceState) {
5.     return inflater.inflate(R.layout.fragment_good_info, container, false);
6.     }
7. }
```

上述代码重写了 Fragment 的 onCreateView() 方法，并在该方法中通过 LayoutInflater 的 inflater() 方法将布局文件 fragment_good_info.xml 动态加载到 Fragment 中。

> **注意**：Android 系统中提供了两个 Fragment 类，这两个类分别是 androidx.app.fragment 和 android.support.v4.app.Fragment。如果 GoodInfoFragment 类继承 androidx.app.fragment 类，则程序只能兼容 3.0 版本以上的 Android 系统，如果 GoodInfoFragment 类继承的是 android.support.v4.app.Fragment 类，则程序可以兼容 1.6 版本以上的 Android 系统。

5.1.3 在 Activity 中添加 Fragment

Fragment 创建完成后并不能单独使用，还需要将 Fragment 添加到 Activity 中，在 Activity

中添加 Fragment 的方法有两种。

1. 在布局文件中添加 Fragment

在 Activity 引用的布局文件中添加 Fragment 时，需要使用 <fragment></fragment> 标签，该标签与其他控件的标签类似。但必须指定 Android：name 属性，其属性值为 Fragment 的全路径名称。在 LinearLayout 布局中添加 GoodInfoFragment 的示例代码如下：

```
1. <?xml version = "1.0" encoding = "utf-8"?>
2. <LinearLayout xmlns:android = "http://schemas.android.com/apk/res/Android"
3.     xmlns:app = "http://schemas.android.com/apk/res-auto"
4.     xmlns:tools = "http://schemas.android.com/tools"
5.     android:layout_width = "match_parent"
6.     android:layout_height = "match_parent"
7.     tools:context = ".MainActivity" >
8.     <fragment
9.         android:name = "net.hnjdzy.examples.fragment.GoodInfoFragment"
10.        android:id = "@+id/GoodInfo"
11.        android:layout_width = "match_parent"
12.        android:layout_height = "match_parent" />
13. </LinearLayout>
```

2. 在 Activity 中动态加载 Fragment

当 Activity 运行时，也可以将 Fragment 动态添加到 Activity 中，具体步骤如下。

（1）创建一个 Fragment 实例对象。

（2）获取 FragmentManager（Fragment 管理器）的实例。

（3）开启 FragmentTransaction（事务）。

（4）向 Activity 的布局容器的实例中添加 Fragment。

（5）通过 commit() 方法提交事务。

在 Activity 中添加 Fragment 的示例代码如下：

```
1. public class MainActivity extends AppCompatActivity {
2.     @Override
3.     protected void onCreate(Bundle savedInstanceState) {
4.         super.onCreate(savedInstanceState);
5.         setContentView(R.layout.activity_main);
6.         //实例化 Fragment 对象
7.         GoodInfoFragment fragment = new GoodInfoFragment();
8.         //获取 FragmentManager 实例
9.         FragmentManager fm = getSupportFragmentManager();
10.        FragmentTransaction beginTransaction = fm.beginTransaction();
11.        //添加一个 Fragment
12.        beginTransaction.replace(R.id.contentLayout,fragment);
13.        //提交事务
```

```
14.         beginTransaction.commit();
15.     }
16. }
```

上述代码中,第 6~9 行代码创建了 GoodInfoFragment 类和 FragmentManager 类的实例对象。

第 10 行代码通过 FragmentManager 类的 beginTransaction() 方法开启事务并获取 FragmentTransaction 类的对象。

第 12 行代码通过 FragmentTransaction 的 replace() 方法将 Fragment 添加到 Activity 布局的 ViewGroup 中,replace() 方法的第一个参数表示 Activity 布局中的 ViewGroup 资源 id,第二个参数表示需要添加的 Fragment 对象。

第 14 行代码通过 commit() 方法提交事务。

> **注意**:调用 replace() 方法将 Fragment 添加到 Activity 布局中时,需要导入 Android. app. Fragment 类型的 Fragment。

5.2 【案例】 湘菜菜谱

5.2.1 案例描述

为了让初学者更好地掌握 Fragment 的使用,下面我们演示如何在一个 Activity 中展示两个 Fragment,每个 Fragment 显示一个湘菜的做法,并实现 Activity 与 Fragment 通信功能。界面的效果如图 5-1 所示。

5.2.2 案例分析

从案例的运行效果图中可以看出,界面中的控件较少,分别单击相应的按钮,弹出湘菜的做法。本案例的实现需要依次完成以下工作。

1. MainActivity 主界面设计

在 MainActivity 中使用线性布局,分别放置两个按钮和一个 FrameLayout,单击相应的按钮显示相应的湘菜菜谱。

图 5-1 运行效果图 1

2. 创建两个 Fragment

分别创建两个 Fragment,每个 Fragment 布局显示不同的菜谱。

3. 在 Activity 中动态加载 Fragment

当 Activity 运行以后,单击按钮可以将 Fragment 动态添加到 Activity 中。

5.2.3 案例实现

1. 创建包、Activity 并进行布局

在前面创建的 Android 示例工程中新建包 net.hnjdzy.examples.chapter05，并在包中创建 Fragment01，修改 activity_main.xml。

（1）设置最外层为线性布局，设置 Android：orientation = "vertical"。
（2）依次添加"剁椒鱼头"按钮、"湘西小炒肉"按钮、FrameLayout 控件。
（3）修改各个控件的 ID。
（4）分别给按钮添加属性 Android：onClick，并设置值。

activity_main.xml 布局文件代码如下：

```
1.  <LinearLayout xmlns:android = "http://schemas.android.com/apk/res/Android"
2.      android:layout_width = "fill_parent"
3.      android:layout_height = "fill_parent"
4.      android:orientation = "vertical" >
5.      <LinearLayout
6.          android:layout_width = "match_parent"
7.          android:layout_height = "wrap_content"
8.          android:orientation = "horizontal" >
9.          <Button
10.             android:id = "@ + id/button1"
11.             android:layout_width = "wrap_content"
12.             android:layout_height = "wrap_content"
13.             android:onClick = "buttonfishclick"
14.             android:text = "剁椒鱼头" />
15.         <Button
16.             android:id = "@ + id/button2"
17.             android:layout_width = "wrap_content"
18.             android:layout_height = "wrap_content"
19.             android:onClick = "buttonmeatclick"
20.             android:text = "湘西小炒肉" />
21.     </LinearLayout>
22.     <FrameLayout
23.         android:id = "@ + id/framelayout"
24.         android:layout_width = "match_parent"
25.         android:layout_height = "wrap_content"
26.         android:layout_weight = "0.30" >
27.     </FrameLayout>
```

2. 创建 Fragment

由于本案例需要在一个 Activity 中展示两个 Fragment 的效果，一个效果显示剁椒鱼头的做法，一个效果显示湘西小炒肉的做法，FoodFishFragment 对应的布局是 fragment_food_fish.xml、FoodMeatFragment 对应的布局是 fragment_food_meat.xml。

第 5 章 Fragment 的应用

FoodFishFragment 代码如下：

```
1. public class FoodFishFragment extends Fragment {
2.     @Override
3.     public View onCreateView(LayoutInflater inflater, ViewGroup container,
4.                     Bundle savedInstanceState) {
5.         // Inflate the layout for this fragment
6.         return inflater.inflate(R.layout.fragment_foodfish, container, false);
7.     }
8. }
```

fragment_food_fish.xml 代码如下：

```
 1. <?xml version="1.0" encoding="utf-8"?>
 2. <FrameLayout xmlns:android="http://schemas.android.com/apk/res/Android"
 3.     xmlns:tools="http://schemas.android.com/tools"
 4.     android:layout_width="match_parent"
 5.     android:layout_height="match_parent"
 6.     tools:context=".fragment.FoodFishFragment">
 7.     <TextView
 8.         android:layout_width="match_parent"
 9.         android:layout_height="match_parent"
10.         android:text="@string/food_fish" />
11. </FrameLayout>
```

FoodMeatFragment 代码如下：

```
1. public class FoodMeatFragment extends Fragment {
2.     @Override
3.     public View onCreateView(LayoutInflater inflater, ViewGroup container,
4.                     Bundle savedInstanceState) {
5.         // Inflate the layout for this fragment
6.         return inflater.inflate(R.layout.fragment_food_meat, container, false);
7.     }
8. }
```

fragment_food_meat.xml 代码如下：

```
1. <?xml version="1.0" encoding="utf-8"?>
2. <FrameLayout xmlns:android="http://schemas.android.com/apk/res/Android"
3.     xmlns:tools="http://schemas.android.com/tools"
4.     android:layout_width="match_parent"
5.     android:layout_height="match_parent"
6.     tools:context=".fragment.FoodMeatFragment">
7.     <TextView
```

```
8.         android:layout_width = "match_parent"
9.         android:layout_height = "match_parent"
10.        android:text = "@string/food_meat" />
11.</FrameLayout>
```

strings.xml 代码如下：

```
1. <resources>
2.     <string name = "app_name">Fragment01</string>
3.     <string name = "food_meat">
4.     1.选择层次分明的五花肉,切成宽5厘米的长条,然后顶刀切成2厘米厚的片。2.葱、姜、蒜洗
       净,切片。杭椒切菱形,小米椒切菱形。3.锅内放入10克油,待油温烧至7成热时,下入切好的
       五花肉片,大火煸出油,炒至五花肉变色,炒熟时放入老抽5克上色,上色均匀后,放入漏勺备用。
       4.锅内再放入10克色拉油,待油温烧至7成热时,下豆瓣酱、豆豉、葱10克、姜5克、蒜10克、
       杭椒50克、小米椒20克,煸炒出香味后,再加盐10克、料酒10克、味精10克、蚝油5克、白糖5
       克、生抽10克、老抽5克,大火翻炒1分钟。5.加入煸好的肉片,继续大火翻炒片刻即可。</
       string>
5.     <string name = "food_fish">
6.     1.鱼头买来收拾干净,从鱼背开刀。2.用手拍刀背,劈开鱼头。3.在鱼骨上斩上几刀便于入
       味,吃起来也很方便。4.用姜片、葱段和料酒将鱼头腌制10分钟。5.豆豉、蒜切碎。油最好用
       茶籽油,没有的话用色拉油也可以。6.小火起锅,倒入少量茶籽油。7.爆香蒜和豆豉。8.加入
       剁椒和一半蚝油,炒匀出香,剁椒不够咸的话加些盐调味,关火备用。9.鱼头捡去葱姜,倒掉腌制
       的汁水,用厨房纸擦干,两面抹上余下的蚝油。10.蒸盘以姜片、葱段垫底。11.放入鱼头,敷上
       炒过的剁椒,插几根筷子把鱼头略架起来,方便其入汽成熟。12.蒸锅上汽后放入鱼头,大火猛蒸
       10分钟。13.取出鱼头撒些葱花,浇上适量烧滚的茶籽油。</string>
7. </resources>
```

3. 编写 MainActivity 代码

在 MainActivity 中添加方法 buttonfishclick() 和 buttonmeatclick()，分别对应属性 activity_main.xml 中的按钮属性 Android：onClick。代码如下：

```
1. Public class MainActivity extends AppCompatActivity {
2.     @Override
3.     protected void onCreate(Bundle savedInstanceState) {
4.         super.onCreate(savedInstanceState);
5.         setContentView(R.layout.activity_main);
6.     }
7.     public void buttonfishclick(View view)
8.     {
9.         FragmentManager fm = this.getSupportFragmentManager();
10.        FragmentTransaction fragmentTransaction = fm.beginTransaction();
11.        fragmentTransaction.replace(R.id.framelayout, new FoodFishFragment());
12.        fragmentTransaction.commit();
13.    }
```

```
14.    public void buttonmeatclick(View view)
15.    {
16.        FragmentManager fm = this.getSupportFragmentManager();
17.        FragmentTransaction fragmentTransaction = fm.beginTransaction();
18.         fragmentTransaction.replace(R.id.framelayout, new FoodMeatFragment());
19.        fragmentTransaction.commit();
20.    }
21. }
```

5.3 导航

5.3.1 NavigationView 简介

NavigationView 即导航 View。NavigationView 继承自 FrameLayout。一般我们用它和 DrawerLayout 实现抽屉式导航设计,菜单的内容来自于 menu 文件。NavigationView 通常放置在 DrawerLayout 内部。

5.3.2 NavigationView 和 DrawerLayout 实现抽屉式导航设计

Material Design 是 Google 在 2014 年的 I/O 大会上推出的全新设计语言。Material Design 是基于 Android 5.0(API level 21) 的,兼容 5.0 以下的设备时需要使用版本号 v21.0.0 以上的 support v7 包中的 appcompat,但遗憾的是 support 包仅仅支持 Material Design 的部分特性。使用 eclipse 或 Android Studio 进行开发时,直接在 Android SDK Manager 中将 Extras -> Android Support Library 升级至最新版即可。

下面将介绍使用设计库中的一个高级组件 NavigationView 的方法,使用这个组件和 DrawerLayout 将非常轻松地实现抽屉式导航设计的效果,如图 5-2 所示。

在图 5-2 中,左侧部分就是 NavigationView,它是一个 ViewGroup(子类)。它包含两个部分,一个是头部布局,一个是菜单布局。右侧是内容区,具体实现方法如下。

图 5-2 侧拉菜单效果预览

1. 创建项目

创建项目,选择"Navigation Drawer Activity"选项,如图 5-3 所示。

单击"Next"按钮,进入"Configure your project"界面,如图5-4所示。

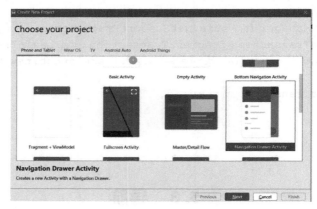

图 5-3 选择 "Navigation Drawer Activity" 选项

在图 5-4 中,需要填写的信息有 Name、Package name、Save location、Language、Minimum API level,分别在对应的文本框中填写信息,然后单击"Finish"按钮。至此,NavigationView 实现抽屉式导航设计全部完成。

2. 运行程序

抽屉式导航设计创建成功以后,暂时不添加和修改任何的代码,直接运行程序。启动模拟器,单击工具栏中的"运行"按钮▶,程序就会运行在模拟器上,如图5-5所示。

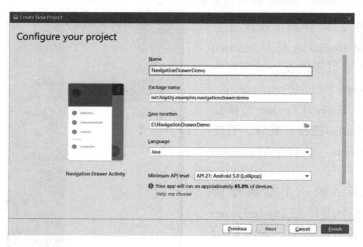

图 5-4 "Configure your project" 界面

图 5-5 运行效果图 2

5.4 【案例】移动办公抽屉导航设计

5.4.1 案例描述

为了让初学者更好地掌握 NavigationView 和 DrawerLayout 的使用,下面我们演示如何利用

NavigationView 和 DrawerLayout 实现抽屉式导航设计，每个 Fragment 显示一个功能模块。界面的效果如图 5-6 所示。

5.4.2 案例分析

从案例的运行效果图中可以看出，分别选择不同的菜单，可以进入相应的界面。

1. 创建项目

在创建项目选择 NavigationDrawer，Android Studio 会默认创建菜单对应。

2. 创建两个 Fragment

分别修改菜单选项卡，效果如图 5-6 所示。

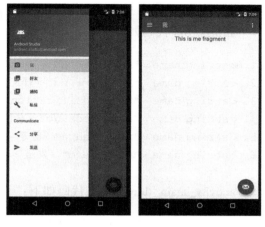

图 5-6 运行效果图 3

3. 在 Activity 中动态加载 Fragment

当 Activity 运行以后，单击按钮可以将 Fragment 动态添加到 Activity 中。

5.4.3 案例实现

1. 创建带侧滑效果的 Activity

在前面创建的 Android 示例工程中新建包 net.hnjdzy.examples.chapter05，并在包中创建 NavigationView01，参考 5.3 节，右击"new"→"activity"，在弹出的快捷菜单中选择"NavigationDrawer"选项，创建带侧滑效果的 MainActivity。项目结构图如图 5-7 所示。

图 5-7 项目结构图

2. 修改 xml 文件布局

strings.xml 代码如下:

```
1. <string name = "menu_me">我</string>
2. <string name = "menu_friend">好友</string>
3. <string name = "menu_notification">通知</string>
4. <string name = "menu_message">私信</string>
5. <string name = "menu_share">分享</string>
6. <string name = "menu_send">发送</string>
```

activity_main_drawer.xml 代码如下:

```
1.  <group Android:checkableBehavior = "single">
2.      <item
3.          android:id = "@+id/nav_me"
4.          android:icon = "@drawable/ic_menu_me"
5.          android:title = "@string/menu_me" />
6.      <item
7.          android:id = "@+id/nav_friend"
8.          android:icon = "@drawable/ic_menu_friend"
9.          android:title = "@string/menu_friend" />
10.     <item
11.         android:id = "@+id/nav_notification"
12.         android:icon = "@drawable/ic_menu_notification"
13.         android:title = "@string/menu_notification" />
14.     <item
15.         android:id = "@+id/nav_message"
16.         android:icon = "@drawable/ic_menu_message"
17.         android:title = "@string/menu_message" />
18. </group>
19. <item Android:title = "Communicate">
20.     <menu>
21.         <item
22.             android:id = "@+id/nav_share"
23.             android:icon = "@drawable/ic_menu_share"
24.             android:title = "@string/menu_share" />
25.         <item
26.             android:id = "@+id/nav_send"
27.             android:icon = "@drawable/ic_menu_send"
28.             android:title = "@string/menu_send" />
29.     </menu>
30. </item>
```

5.5 【项目实战】

5.5.1 实现记账本的导航栏

1. 开发任务单

任务概况	任务描述	实现记账本的导航栏		
	参与人员			
	所属产品	记账本 APP	开始时间	
	所属模块	主界面	结束时间	
	任务类型	开发	预计工时	2 小时
	任务编号	DEV-05-001	实际工时	
任务要求	(1) 按照原型设计的要求,实现记账本的导航栏。 (2) 实现用户输入的校验	用户界面/界面原型		
验收标准	(1) 满足用户需求,功能达标。 (2) 结构清晰,阅读性好。 (3) 代码编写规范,无 bug			

2. 开发任务解析

导航栏由 3 个部分组成,一个是头部布局,一个是菜单布局,右侧是内容区。

3. 开发过程

(1) 根据 5.3.2 节介绍的方法,在记账本项目中新建一个 MainActivity,选择使用 NavigationDrawer Activity。

(2) 根据记账本项目要求,复制图片素材到相应文件夹,修改头部布局,打开 nav_header_main.xml 文件,修改 header 背景图片(android:background = "@ drawable/material_design_2")、修改 header 图标(app:srcCompat = "@ drawable/default_user_logo")、修改 header 标题为:User(android:text = "@ string/nav_header_title")。

(3) 修改侧滑菜单选项,依次修改为设置、分享、报告、帮助、关于,打开 values 文件夹下面的 String 文件添加和修改相关属性。关键代码如下:

```
1. <string name = "gallery">设置</string>
2. <string name = "share">分享</string>
3. <string name = "send">报告</string>
4. <string name = "help">帮助</string>
5. <string name = "about">关于</string>
```

(4) 修改 activity_main_drawer.xml 代码，关键代码如下：

```xml
1. <group Android:checkableBehavior = "single">
2.     <item
3.         android:id = "@ + id/nav_gallery"
4.         android:icon = "@ drawable/ic_menu_gallery"
5.         android:title = "@ string/gallery" />
6.     <item
7.         android:id = "@ + id/nav_share"
8.         android:icon = "@ drawable/ic_menu_slideshow"
9.         android:title = "@ string/share" />
10.    <item
11.        android:id = "@ + id/nav_send"
12.        android:icon = "@ drawable/ic_menu_send"
13.        android:title = "@ string/send" />
14. </group>
15. <item Android:title = "">
16.     <menu>
17.         <item
18.             android:id = "@ + id/nav_help"
19.             android:icon = "@ drawable/ic_help_grey600_24dp"
20.             android:title = "@ string/help" />
21.         <item
22.             android:id = "@ + id/nav_about"
23.             android:icon = "@ drawable/ic_assessment_grey600_24dp"
24.             android:title = "@ string/about" />
25.     </menu>
26. </item>
```

5.5.2 使用 Fragment 实现多页主界面

1. 开发任务单

任务概况	任务描述	使用 Fragment 实现多页主界面		
	参与人员			
	所属产品	记账本 APP	开始时间	
	所属模块	主界面	结束时间	
	任务类型	开发	预计工时	2 小时
	任务编号	DEV-05-002	实际工时	

第 5 章　Fragment 的应用

（续）

任务要求	（1）添加 3 个 Fragment，分别是概要、收入、支出。 （2）将概要、收入、支出显示在导航栏内容部分	用户界面/ 界面原型	
验收标准	（1）满足用户需求，功能达标。 （2）结构清晰，阅读性好。 （3）代码编写规范，无 bug		

2. 开发任务解析

首先创建 Fragment 包，分别创建 IncomeFragment、OutlayFragment、SummaryFragment 3 个类。然后添加导航栏内容部分。

3. 开发过程

（1）根据 5.1.2 节介绍的方法，在记账本项目中新建一个 Fragment 包，创建 IncomeFragment.java、OutlayFragment.java、SummaryFragment.java，分别代表收入、支出、概要界面。

（2）修改 strings.xml 代码，添加代码如下：

```
1. <string name = "title_summary">概要</string>
2. <string name = "title_income">收入</string>
3. <string name = "title_outlay">支出</string>
```

（3）修改 navigation.xml 代码，关键代码如下：

```
1. <?xml version = "1.0" encoding = "utf-8"?>
2. <menu xmlns:android = "http://schemas.android.com/apk/res/Android">
3.     <item
4.         android:id = "@ +id/navigation_summary"
5.         android:icon = "@ drawable/tab_icon1"
6.         android:title = "@ string/title_summary"
7.         >
8.     </item>
9.     <item
10.        android:id = "@ +id/navigation_income"
11.        android:icon = "@ drawable/tab_icon2"
12.        android:title = "@ string/title_income"
13.        >
```

```
14.        </item>
15.        <item
16.            android:id = "@ +id/navigation_outlay"
17.            android:icon = "@drawable/tab_icon3"
18.            android:title = "@string/title_outlay"
19.            >
20.        </item>
21. </menu>
```

5.5.3 挑战任务

1. 一星挑战任务：实现多界面滑动效果

任务概况	任务描述	实现多界面滑动效果		
	参与人员			
	所属产品	记账本 APP	开始时间	
	所属模块	用户管理	结束时间	
	任务类型	开发	预计工时	2 小时
	任务编号	DEV - 05 - 003	实际工时	
任务要求	（1）按照原型设计的要求，采用合适的布局方式实现关于界面。 （2）实现概要、收入、支出界面滑动功能	用户故事/界面原型		
验收标准	（1）满足用户需求，功能达标。 （2）结构清晰，阅读性好。 （3）代码编写规范，无 bug			

2. 二星挑战任务：实现菜单显示用户信息

任务概况	任务描述	实现菜单显示用户信息		
	参与人员			
	所属产品	记账本 APP	开始时间	
	所属模块	用户管理	结束时间	
	任务类型	开发	预计工时	2 小时
	任务编号	DEV - 05 - 004	实际工时	

(续)

任务要求	(1) 按照原型设计的要求，采用合适的布局方式实现关于界面。 (2) 实现单击 按钮显示用户信息	用户故事/界面原型	
验收标准	(1) 满足用户需求，功能达标。 (2) 结构清晰，阅读性好。 (3) 代码编写规范，无 bug		

本章小结

本章主要介绍了 Fragment 和 NavigationView 的使用；重点讲解了 Fragment、NavigationView、DrawerLayout 实现抽屉菜单和多页主界面。在使用 DrawerLayout 控件实现滑动菜单时，首先必须理解它是一个布局，其次掌握在布局中怎么放入子控件和添加导航按钮。在使用 NavigationView 控件轻松布局滑动菜单页面时，要熟练掌握 menu 和 headerLayout 的应用，掌握 menu 是用来在 NavigationView 中显示具体的菜单项的，headerLayout 则是用来在 NavigationView 中显示头部布局的。本章的主要内容用思维导图总结如下：

第 6 章 列表组件和适配器

小猿做介绍

　　Android 应用程序开发中常用到列表组件及适配器。在开发的过程中，如果需要在页面中显示列表集合数据，这些集合数据在列表组件中显示，但列表组件本身不能获取数据，这就需要适配器作为载体获取数据，最后将数据填充到布局（UI）。

　　有些情景，应用程序需要弹出对话框，用户只有单击"确认"按钮，才能进行后面的操作，如果用户单击"取消"按钮，则终止后面的操作。

　　接下来让我们赶紧开始学习这些神秘的"利器"吧！

小猿发布任务

　　设计记账本中收入、支出界面；添加记账本收入界面；设计收入、支出类别管理界面；实现弹出对话框删除列表项。

小猿做培训

> **程序员的模块化思维能力**
>
> 　　作为一个优秀的程序员，他的思想不能局限在当前的工作任务中，要想想看自己写的模块是否可以脱离当前系统存在，通过简单的封装在其他系统中或其他模块中直接使用。这样做可以使代码能重复利用，减少重复的劳动，也能使系统结构越趋合理。模块化思维能力的提高是一个程序员的技术水平提高的一项重要指标。

6.1 AdapterView 组件

AdapterView 组件是一种重要的组件，AdapterView 本身是一个抽象基类，它派生的子类在用法上十分相似，只是界面有一定的区别，因此将它们归为一类，AdapterView 具有如下特征。

（1）AdapterView 继承了 ViewGroup，其本质是容器。

（2）AdapterView 可以包含多个列表项，并将多个列表项以合适的形式显示出来。

（3）AdapterView 显示的多个列表项由 adapter 提供，调用 AdapterView 的 setAdapter (adapter) 即可。

AdapterView 及其子类的继承关系如图 6-1 所示。

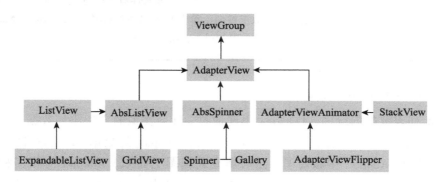

图 6-1　AdapterView 及其子类的继承关系

6.2 ListView

Android 中常用列表组件显示列表数据，列表的显示需要 3 个元素。

（1）ListView，用来展示列表的 View。

（2）适配器，用来把数据映射到 ListView 上的中介。

（3）数据，具体的将被映射的字符串、图片或基本组件。

ListView 是 Android 中比较常用的列表组件，它以列表的形式展示具体内容，并且能够根据数据的长度自适应显示。ListView 使用的简单效果如图 6-2 所示。

6.2.1 ListView 的属性

ListView 属性的设置方式与其他的 UI 组件相同，将

图 6-2　ListView 显示简单数据

<ListView>标签放入 XML 布局中,在 <ListView> 标签中,可以使用它的 XML 属性,ListView 常用的属性如表 6-1 所示。

表 6-1 ListView 常用的属性

属性名	属性含义
GridLines	设置行和列之间是否显示网格线(默认为 false)。提示:只有在 Details 视图该属性才有意义
MultiSelect	设置是否可以选择多个项(默认为 false)
CheckBoxes	设置控件中各项的旁边是否显示复选框(默认为 false)
HeaderStyle	获取或设置列标头样式。该属性有 3 个选项,即 Clickable,列标头的作用类似于按钮,单击时可以执行操作(如排序);NonClickable,列标头不响应鼠标单击;None,不显示列标头

6.2.2 为 ListView 填充数据

作为显示列表数据的组件,ListView 不能通过 add 或类似的方法添加数据,需要指定一个 Adapter 对象,通过该对象给 ListView 填充数据。Adapter 是数据 List 和视图 ListView 之间的桥梁,数据在 Adapter 中做处理,然后填充到视图上面来。Adapter 有很多种,本章主要介绍 ArrayAdapter、BaseAdapter 和 SimpleAdapter。其中,ArrayAdapter 最为简单,只展示一行字;SimpleAdapter 比 ArrayAdapter 复杂,适合每一个项中含有不同的数据,一般是图片、文本和按钮组合的情况;BaseAdapter 灵活性最强,适合于自定义数据显示格式的情况,比前两个复杂。

6.2.3 响应事件

1. 单击响应事件

当 ListView 中的一个项目被单击时,为了响应用户的单击事件,可以使用 setOnItemClickListener 方法,在其中传入实现了 AdapterView.OnItemClickListener 接口的对象,重写接口的方法:onItemClick(AdapterView<?> parent, View view, int position, long id)。这与 button 按钮的单击事件很像,一般使用匿名内部类对象来处理,示例代码如下:

```
1. listView.setOnItemClickListener(new AdapterView.OnItemClickListener(){
2.     onItemClick(AdapterView<?> parent, View view, int position, long id){
3.         //处理单击事件的代码
4.     }
5. });
```

上段代码中4个参数的具体说明如下。

（1）parent：发生单击事件的 ListView 对象。

（2）view：在 ListView 中被单击的 view。

（3）position：被单击列表项在 ListView 中的位置。

（4）id：被单击列表项的 ID。

2. 长按响应事件

ListView 除了可以响应用户的单击事件，也可以响应用户的长按事件。可以使用 setOnItemLongClickListener 方法，在其中传入实现了 AdapterView.OnItemLongClickListener 接口的对象，重写接口的方法：onItemLongClick（AdapterView <？> parent, View view, int position, long id），在该方法中编写处理长按事件的代码，示例代码如下：

```
1. listView.setOnItemLongClickListener(newAdapterView.OnItemLongClickListener
   (){
2.   onItemLongClick(AdapterView<? >parent, View view,int position, long id){
3.     //处理点击事件的代码
4.     return true;
5.   }
6. });
```

上段代码中4个参数的具体说明如下。

（1）parent：发生长按事件的 ListView 对象。

（2）view：在 ListView 中被长按的 view。

（3）position：被长按列表项在 ListView 中的位置。

（4）id：被长按列表项的 ID。

return true 表示时间结束不再回调短按事件。当其设置为 false 时，除会执行长按事件，还会执行短按事件。

6.3 Adapter

Android 中的适配器（Adapter）是列表视图组件和数据之间的桥梁，适配器将各种数据以合适的形式显示在 View 中给用户看。Adapter 提供了几个默认的 Adapter 类供开发者使用。同时，开发者也可以继承 BaseAdapter 自定义适配器。常使用的适配器有 ArrayAdapter、SimpleAdapter、BaseAdapter 等。其中 ArrayAdapter 最为简单，有一定的局限性，只能显示一行文本数据；SimpleAdapter 比 ArrayAdapter 复杂，适合每一个列表项中含有不同的子控件，一般是图片、文本和按钮的组合；BaseAdapter 灵活性最强，适合于自定义数据显示格式的情况，比前两个复杂。Adapter 接口和相关类的继承关系如图 6-3 所示。

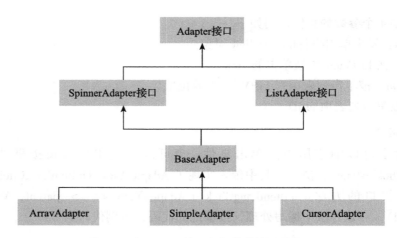

图 6-3　Adapter 接口和相关类的继承关系

6.3.1　ArrayAdapter

ArrayAdapter 是很便于使用的一种 Adapter。它常被用来处理列表项的内容全是文本的情况。ArrayAdapter 可以接收数组作为数据源，还可以使用对象列表作为数据源。列表对象通过调用 toString() 方法，可以显示文本信息。使用 ArrayAdapter 的示例代码如下：

```
1. String[] str = {"交通","租房","通信","吃饭","娱乐","电影"};
2. list1 = (ListView)findViewById(R.id.listView1);
3. //定义ArrayAdapter对象,构造的时候有3个参数:第一个参数 this 是 context 的子类对象,
   第二个参数是//列表项的布局文件,第三个参数 str 是数据源
4. adapter1 = new ArrayAdapter < String > (this, android.R.layout.simple_list_
   item_1, str);
5. //将ListView 控件和Adapter 绑定起来
6. list1.setAdapter(adapter1);
```

6.3.2　SimpleAdapter

SimpleAdapter 使用 List<Map> 形式的数据源，List 的每一个对象都是一个 Map，Map 中可以包含各种不同的控件资源，如一个图片资源、一段文本信息、一个选择框资源和一个按钮资源的组合等。SimpleAdapter 可以为每一个列表项中提供多个不同控件的 ListView 填充数据，List 中的一个 Map 对应一个列表项，而 Map 中的一个元素对应列表项中的一个控件资源，这样——对应的就可以把 SimpleAdapter 中的数据填充到复合结构的 ListView 中，除了 ListView，SimpleAdapter 还可以为其他的 Adapter 控件填充数据。

Adapter 控件的每一行内容都具有相同的格式，该格式需要在 /res/layout 中使用 XML 布局文件进行定义，布局文件只表示控件每一行的布局。布局文件中的各个控件需要与 Map 中的各个数据资源对应，实质上，SimpleAdapter 填充 ListView 的过程就是反复使用 Map 中的数据填充 XML 布局文件中的各个控件的过程，数据源 List 有多少项，就反复执行这一过程多少次，同时在界面中显示对应行数的内容。

以下示例使用 SimpleAdapter 向 ListView 中填充数据，该示例的 Activity 所用的关键代码

如下:

```
1. GridView gridView = (GridView)this.findViewById(R.id.gridView1);
2. String[] mFrom = {"icon","title"};
3. //列表项组件 Id 数组
4. int[] mTo = { R.id.imageViewCategory, R.id.textViewCategory };
5. //Adapter
6. List <Map<String, Object>> incomeList = new ArrayList <>();
7. for(int i = 0;i < 10;i + +){
8.    Map<String, Object> map = new HashMap<String, Object>();
9.    map.put("icon", "icon" + i);
10.   map.put("title", "title" + i);
11.   incomeList.add(map);
12. }
13. SimpleAdapter adapter = new SimpleAdapter(this, incomeList, R.layout.category_
    item, mFrom, mTo);
14. gridView.setAdapter(adapter);
```

6.3.3 BaseAdapter

BaseAdapter 类是 Android 中完成适配任务的基类,它是一个抽象类,开发者可以继承 BaseAdapter 自行设计一个 Adapter 类,为 ListView、GridView 组件填充数据。做开发时一般优先使用系统提供的 ArrayAdapter 和 SimpleAdapter,当无法满足需求时,再使用自定义 Adapter。

一般继承 BaseAdapter 之后,需要至少重写 4 个方法——getCount()、getItem()。getItemId() 和 getView()。其中,第 1 个方法和第 4 个方法是很重要的,getCount() 方法返回列表中对象的个数;getView() 方法创建列表项视图,并在视图中显示列表数据。getItem (int position) 方法返回 position 位置的对象,getItemId (int position) 方法返回 position 位置处对象的 id 属性。

6.4 【案例】显示用户联系地址列表

本节通过一个案例来学习 Android 中 ListView 绑定自定义适配器显示数据。

6.4.1 案例描述

本案例在手机界面用 ListView 显示用户联系地址列表,效果图如图 6-4 所示。

6.4.2 案例分析

我们使用 ListView 作为列表组件,适配器选择自定义适配器,本案例的实现需要依次完成以下工作。

图 6-4 用 ListView 显示用户联系地址

（1）创建项目、包、Activity 并进行布局。创建 Android 示例工程 ArrayListDemo，新建包 net.hnjdzy.examples.chapter06.ArrayListDemo，修改 activity_bmi.xml，完成用户联系地址列表界面。

（2）完成用户联系地址列表项界面。

用户联系地址列表项整体是垂直方向的线性布局，从上往下显示用户信息、城市名、具体地址。用户名信息的布局是水平方向的线性布局，从左往右是用户名和电话号码。

（3）创建 entity 包，在包中创建实体类 UserAddress。

（4）创建 adapter 包，在包中创建 UserAddressListViewAdapter 适配器，该适配器从 BaseAdapter 继承。

（5）修改 MainActivity，实现显示用户联系地址的功能。

6.4.3 案例实现

（1）创建用户联系地址列表界面。

```
1.<RelativeLayout xmlns:android = "http://schemas.android.com/apk/res/android"
2.    xmlns:tools = "http://schemas.android.com/tools"
3.    android:layout_width = "match_parent"
4.    android:layout_height = "match_parent"
5.    >
6.    <ListView
7.        android:id = "@ +id/listView"
8.        android:layout_width = "match_parent"
9.        android:layout_height = "wrap_content"
10.       >
11.   </ListView>
12.</RelativeLayout>
```

（2）创建用户联系地址列表项界面。

```
1.<RelativeLayout xmlns:android = "http://schemas.android.com/apk/res/android"
2.    xmlns:tools = "http://schemas.android.com/tools"
3.    android:layout_width = "match_parent"
4.    android:layout_height = "wrap_content"
5.    style = "@style/item"
6.    android:padding = "2dp" >
7.    <LinearLayout
8.        android:id = "@ +id/llll"
9.        android:layout_width = "match_parent"
10.       android:layout_height = "wrap_content"
11.       android:orientation = "vertical"
12.       android:padding = "10dp" >
13.       <LinearLayout
14.           android:layout_width = "match_parent"
15.           android:layout_height = "wrap_content"
```

```
16.            android:gravity = "center_vertical"
17.            android:orientation = "horizontal" >
18.            <TextView
19.                android:id = "@ + id/nameTextView"
20.                style = "@style/text3"
21.                android:layout_width = "wrap_content"
22.                android:layout_height = "wrap_content"
23.                android:gravity = "left"
24.                android:textSize = "16sp" />
25.            <TextView
26.                style = "@style/text1"
27.                android:layout_width = "wrap_content"
28.                android:layout_height = "wrap_content"
29.                android:layout_marginLeft = "20dp"
30.                android:text = "手机:" />
31.            <TextView
32.                android:id = "@ + id/mobileTextView"
33.                style = "@style/text1"
34.                android:layout_width = "wrap_content"
35.                android:layout_height = "wrap_content" />
36.        </LinearLayout>
37.        <TextView
38.            android:id = "@ + id/pcaTextView"
39.            style = "@style/text1"
40.            android:layout_width = "match_parent"
41.            android:layout_height = "wrap_content"
42.            android:layout_marginTop = "5dp"
43.            android:gravity = "left" />
44.        <TextView
45.            android:id = "@ + id/addressTextView"
46.            style = "@style/text1"
47.            android:layout_width = "match_parent"
48.            android:layout_height = "wrap_content"
49.            android:layout_marginTop = "5dp"
50.            android:gravity = "left"
51.            android:textSize = "10sp" />
52.    </LinearLayout>
53. </RelativeLayout>
```

（3）创建 entity 包，在包中创建实体类 UserAddress。

```
1. package net.hnjdzy.examples.chapter06.listViewDemo.entity;
2. /**
3.  * 地址信息
4.  */
```

```
5.  public class UserAddress {
6.      /** 姓名 */
7.      public String name;
8.      /** 手机 */
9.      public String mobile;
10.     /** 省名 */
11.     public String provinceName;
12.     /** 市名 */
13.     public String cityName;
14.     /** 区名 */
15.     public String areaName;
16.     /** 地址 */
17.     public String address;
18.     public UserAddress(String name, String mobile, String provinceName, String cityName, String areaName, String address) {
19.         this.name = name;
20.         this.mobile = mobile;
21.         this.provinceName = provinceName;
22.         this.cityName = cityName;
23.         this.areaName = areaName;
24.         this.address = address;
25.     }
26. }
```

(4) 创建 UserAddressListViewAdapter 适配器，适配器的列表数据和上下文参数 context 都是从 MainActivity.java 传递过来的。

```
1.  package net.hnjdzy.examples.chapter06.listViewDemo.adapter;
2.  import android.content.Context;
3.  import android.view.LayoutInflater;
4.  import android.view.View;
5.  import android.view.ViewGroup;
6.  import android.widget.BaseAdapter;
7.  import android.widget.TextView;
8.  import net.hnjdzy.examples.chapter06.listViewDemo.R;
9.  import net.hnjdzy.examples.chapter06.listViewDemo.entity.UserAddress;
10. import java.util.ArrayList;
11. public class UserAddressListViewAdapter extends BaseAdapter {
12.     //定义数据列表和上下文
13.     private ArrayList<UserAddress> userAddresses;
14.     private Context context;
15.     //构造方法对数据列表和上下文初始化
16.     public UserAddressListViewAdapter(ArrayList<UserAddress> userAddresses, Context context) {
```

```java
17.     this.userAddresses = userAddresses;
18.     this.context = context;
19.   }
20.   //返回列表的长度
21.   public int getCount() {
22.     return userAddresses.size();
23.   }
24.   public Object getItem(int position) {
25.     return userAddresses.get(position);
26.   }
27.   public long getItemId(int position) {
28.     return position;
29.   }
30.   //创建列表项视图
31.   @Override
32.   public View getView(int position, View convertView, ViewGroup parent) {
        UserAddress userAddress = userAddresses.get(position);
33.     if (userAddress == null)
34.         return null;
35.     if (convertView == null) {
36.         convertView = LayoutInflater.from(this.context).inflate(R.layout.list_user_address_item, parent, false);
37.     }
38.     //创建列表项视图的各个文本组件
39.     TextView nameTextView = (TextView) convertView.findViewById(R.id.nameTextView);
40.     TextView mobileTextView = (TextView) convertView.findViewById(R.id.mobileTextView);
41.     TextView pcaTextView = (TextView) convertView.findViewById(R.id.pcaTextView);
42.     TextView addressTextView = (TextView) convertView.findViewById(R.id.addressTextView);
43.     //在列表项视图的文本组件中显示列表对象的属性值
44.     nameTextView.setText(userAddress.name);
45.     mobileTextView.setText(userAddress.mobile);
46.     pcaTextView.setText(userAddress.provinceName + " " + userAddress.cityName + " " + userAddress.areaName);
47.     addressTextView.setText(userAddress.address);
48.     return convertView;
49.   }
50. }
```

（5）创建 UserAddressListActivity，显示用户联系地址。首先定义 ListView 组件和用户地址数据列表，然后在用户地址列表中添加用户地址对象，最后将 ListView 和 UserAddressListView

Adapter 绑定,构造 UserAddressListViewAdapter 适配器时传递用户地址列表和 this 上下文参数。

```java
1. public class MainActivity extends AppCompatActivity {
2.    @Override
3.    protected void onCreate(Bundle savedInstanceState) {
4.        super.onCreate(savedInstanceState);
5.        setContentView(R.layout.activity_main);
6.        //定义 ListView 组件和用户地址数据列表
7.        ListView listView;
8.      ArrayList<UserAddress> userAddressesList = new ArrayList<UserAddress>();
9.        listView = (ListView)findViewById(R.id.listView);
10.       //在用户地址列表中添加用户地址对象
11.       for(int i = 1; i <= 10; i++){
12.           UserAddress ua = new UserAddress("姓名" + i,"1391234567" + i,
13.               "湖南省","长沙市","开福区","地址" + i);
14.           userAddressesList.add(ua);
15.       }
16.       //将 ListView 和 UserAddressListViewAdapter 绑定
17.       listView.setAdapter(new UserAddressListViewAdapter(userAddressesList,this));
18.    }
19. }
```

6.5 RecyclerView

6.5.1 RecyclerView 简介

从 Android 5.0 开始,谷歌公司推出了一个用于大量数据展示的新控件 RecyclerView,可以用来代替传统的 ListView,更加强大和灵活。RecyclerView 具有可扩展性,是 support-v7 包中的新组件,RecyclerView 要先设置布局管理器,再绑定适配器显示数据。RecyclerView 的基本使用代码如下:

```java
1. mRecyclerView = (RecyclerView) mRootView.findViewById(R.id.recyclerView);
2. LinearLayoutManager layoutManager = new LinearLayoutManager(this.getActivity());
3. //设置布局管理器
4. mRecyclerView.setLayoutManager(layoutManager);
5. //设置为垂直布局,这也是默认的
```

```
6.layoutManager.setOrientation(OrientationHelper.VERTICAL);
7.//设置 Adapter
8.  mRecyclerView.setAdapter(new RecyclerView());
```

6.5.2 RecyclerView 适配器

在使用 RecyclerView 时，必须指定一个布局管理器 LayoutManager 和一个适配器 Adapter。布局管理器用于确定 RecyclerView 中 Item 的展示方式，并决定何时复用已经不可见的 Item，避免重复创建及执行高成本的 findViewById() 方法。适配器继承 RecyclerView.Adapter 类，具体实现类似从 BaseAdapter 继承的自定义适配器，数据的显示取决于数据信息及展示的 UI 布局。创建适配器的步骤如下。

（1）创建一个 Adapter 类，该类从 RecyclerView.Adapter<VH>类（VH 是 ViewHolder 的类名，是 Adapter 类的内部类）继承，其关键代码如下：

```
1.public class NormalAdapter extends RecyclerView.Adapter<NormalAdapter.VH>{
2.}
```

（2）创建 ViewHolder，在 Adapter 中创建一个继承 RecyclerView.ViewHolder 的静态内部类，记为 VH，关键代码如下：

```
1.public static class VH extends RecyclerView.ViewHolder{
2.      public final TextView titleView;
3.      public VH(View v) {
4.          super(v);
5.          titleView = (TextView) v.findViewById(R.id.title);
6.      }
7.}
```

（3）在 Adapter 中实现以下 3 个方法。

①onCreateViewHolder()。

```
1.public VH onCreateViewHolder(ViewGroup parent, int viewType) {
2.      View v = LayoutInflater.from(parent.getContext()).inflate(R.layout.item_1, parent,false);
3.      return new VH(v);
4.  }
```

这个方法主要为每个 Item inflater 出一个 View，该方法返回的是步骤（2）中创建好的 ViewHolder 类。该方法把 View 直接封装在 ViewHolder 中，然后我们面向的是 ViewHolder 的实例。ViewHolder 我们在步骤（2）中已经创建。

②onBindViewHolder()。

```
1. public void onBindViewHolder(VH holder, int position) {
2.      holder.titleView.setText(mDatas.get(position));
3. }
```

这个方法主要用于适配渲染数据到 View 中。方法的参数是 ViewHolder 而不是 convertView。

③getItemCount()。

```
1. public int getItemCount() {
2.      return mDatas.size();
3. }
```

这个方法就类似于 BaseAdapter 的 getCount 方法了，返回总共有多少个条目。

6.6 【案例】 使用 RecyclerView 查看照片

本节通过一个案例来学习 Android 中的 RecyclerView 绑定适配器显示图片。界面的效果如图 6-5 所示。

6.6.1 案例描述

为了了解 RecyclerView 在应用程序中如何工作，本案例讲述 RecyclerView 绑定从 RecyclerView. Adapter < VH > 继承的 Adapter 类显示图片的示例。案例运行效果图如图 6-5 所示。

6.6.2 案例分析

我们使用 RecyclerView 作为列表组件，适配器选择从 RecyclerView. Adapter < VH > 继承的 Adapter，本案例的实现需要依次完成以下工作。

（1）创建项目、包、Activity 并进行布局。创建 Android 示例工程 PhotoAlbum，新建包 net. hnjdzy. examples. chapter06. PhotoAlbum，修改 activity. xml，完成图片列表界面。

（2）完成图片列表项界面。列表项用卡片视图，整体是垂直方向的线性布局，上面显示图片，下面显示图片名称。

（3）创建 entity 包，在包中创建实体类 Photo。

（4）创建 adapter 包，在包中创建 PhotoAlbumAdapter 适配器，该适配器从 RecyclerView. Adapter 继承。

（5）修改 MainActivity，实现显示图片列表的功能。

图 6-5 RecyclerView 运行效果图

6.6.3 案例实现

(1) 创建项目,添加依赖的包,修改 activity_main.xml,创建列表项布局文件。

新建项目,包名是 net.hnjdzy.examples.chapter06.photoalbum,在项目中修改 activity_main.xml,创建列表项布局文件。

① 修改 activity_main.xml,设置最外层为垂直方向的线性布局 Android:orientation = "vertical";添加 RecyclerView 组件,设置 RecyclerView 的 scrollbars 属性是 vertical。

```
1. <LinearLayout xmlns:android = "http://schemas.android.com/apk/res/android"
2.     android:orientation = "vertical"
3.     android:layout_width = "fill_parent"
4.     android:layout_height = "fill_parent" >
5.     <android.support.v7.widget.RecyclerView
6.         android:id = "@ +id/recyclerView"
7.         android:scrollbars = "vertical"
8.         android:layout_width = "fill_parent"
9.         android:layout_height = "fill_parent" />
10. </LinearLayout>
```

② 创建列表项的布局文件 photoview.xml,列表项为卡片视图,列表项整体是垂直方向的线性布局,上面是图片组件,下面是文本组件。布局文件代码如下:

```
1. <android.support.v7.widget.CardView
2.     xmlns:card_view = "http://schemas.android.com/apk/res-auto"
3.     xmlns:android = "http://schemas.android.com/apk/res/android"
4.     android:layout_width = "match_parent"
5.     android:layout_height = "wrap_content"
6.     android:layout_margin = "8dp"
7.     android:id = "@ +id/cv_item"
8.     card_view:cardCornerRadius = "4dp" >
9.     <LinearLayout
10.         android:layout_width = "match_parent"
11.         android:layout_height = "wrap_content"
12.         android:orientation = "vertical"
13.         android:padding = "8dp" >
14.         <ImageView
15.             android:layout_width = "match_parent"
16.             android:layout_height = "wrap_content"
17.             android:id = "@ +id/imageView"
18.             android:scaleType = "centerCrop" />
19.         <TextView
20.             android:layout_width = "match_parent"
21.             android:layout_height = "wrap_content"
22.             android:textColor = "#333333"
```

```
23.                android:text = "Caption"
24.                android:id = "@ +id/textView"
25.                android:layout_gravity = "center_horizontal"
26.                android:layout_marginLeft = "4dp" />
27.       </LinearLayout>
28. </android.support.v7.widget.CardView>
```

(2) 创建 PhotoAlbumAdapter 适配器。适配器的创建分为以下两个步骤。

①创建 PhotoAlbumAdapter 适配器，重写 onCreateViewHolder( )、onBindViewHolder( )、getItemCount( ) 方法。

②在适配器中创建 PhotoViewHolder 类，该类从 RecyclerView.ViewHolder 继承。

适配器的代码如下：

```
1. public class PhotoAlbumAdapter extends RecyclerView.Adapter<PhotoAlbumAdapter.PhotoViewHolder>{
2.     //定义图片列表
3.     public List<Photo> mPhoto;
4.     //定义适配器的构造方法
5.     public PhotoAlbumAdapter(List<Photo> mPhoto)
6.     {
7.         this.mPhoto = mPhoto;
8.     }
9.     @NonNull
10.    //该方法创建列表项视图
11.    public PhotoAlbumAdapter.PhotoViewHolder onCreateViewHolder(@NonNull ViewGroup parent, int viewType) {
12.        View itemView = LayoutInflater.from(parent.getContext()).inflate(R.layout.photoview, parent, false);
13.        PhotoViewHolder vh = new PhotoViewHolder(itemView);
14.        return vh;
15.    }
16.    //该方法将对象属性显示在列表组件中
17.    public void onBindViewHolder(@NonNull PhotoViewHolder holder, int position) {
18.        Photo photo = this.mPhoto.get(position);
19.        holder.captionView.setText(photo.getCaption());
20.        holder.imageView.setImageResource(photo.getImageId());
21.    }
22.    //获得列表的长度
23.    public int getItemCount() {
24.        return mPhoto.size();
25.    }
26.    //创建列表项组件的容器
27.    public static class PhotoViewHolder extends RecyclerView.ViewHolder
```

```
28.    {
29.        ImageView imageView;
30.        TextView captionView;
31.    PhotoViewHolder (View itemView)
32.        {
33.            super(itemView);
34.            //Locate and cache view references:
35.            imageView = itemView.findViewById(R.id.imageView);
36.            captionView = itemView.findViewById(R.id.textView);
37.        }
38.    }
39. }
```

（3）在 MainActivity 中创建 RecyclerView 视图，初始化列表数据，将 RecyclerView 和步骤（2）创建的适配器绑定起来。

```
1. public class MainActivity extends AppCompatActivity {
2.     private RecyclerView mRecyclerView;
3.     private RecyclerView.LayoutManager mLayoutManager;
4.     private PhotoAlbumAdapter mAdapter;
5.     private List<Photo> mPhoto;
6.     //定义图片资源,将图片资源保存在数组中
7.     private int[] imgRes = new int[]{R.drawable.img1,R.drawable.img2,
   R.drawable.img3,R.drawable.img4,R.drawable.img5,R.drawable.img6,R.drawable.
   img7,R.drawable.img8,R.drawable.img9};
8.     @Override
9.     protected void onCreate(Bundle savedInstanceState) {
10.        super.onCreate(savedInstanceState);
11.        setContentView(R.layout.activity_main);
12.        //对象列表初始化
13.        intitdata();
14.        mRecyclerView = this.findViewById(R.id.recyclerView);
15.        //Plug in the linear layout manager:
16.        mLayoutManager = new LinearLayoutManager(this);
17.        mRecyclerView.setLayoutManager (mLayoutManager);
18.        //构造适配器,适配器的构造方法带图片列表参数
19.        mAdapter = new PhotoAlbumAdapter (mPhoto);
20.        //绑定适配器
21.        mRecyclerView.setAdapter (mAdapter);
22.    }
23.    private void intitdata() {
24.        mPhoto = new ArrayList<Photo>();
25.        for(int i=0;i<imgRes.length;i++){
26.            Photo photo = new Photo(imgRes[i],"图片"+i);
27.            mPhoto.add(photo);
```

```
28.    }
29.   }
30. }
```

6.7 GridView

1. GridView 简介

GridView 跟 ListView 很类似，ListView 主要以列表形式显示数据，GridView 则是以网格形式显示数据，掌握 ListView 使用方法后，会很轻松地掌握 GridView 的使用方法。GridView 的继承关系如下：

2. GridView 常用布局属性

GridView 常用布局属性如表 6 – 2 所示。

表 6 – 2　GridView 常用布局属性

XML attributes	属性含义
android：columnWidth	列宽
android：gravity	每个单元格的对齐方式，可以是 top、center、bottom、center_horizontal、center_vertical、right、left 等属性中的 1 个或多个，多个用	隔开
android：numColumns	列的个数
android：horizontalSpacing	设置列之间的水平间距
android：verticalSpacing	设置行之间的垂直距离

6.8 【案例】九宫格显示图片

本节使用 GridView 绑定 SimpleAdapter 适配器来显示九宫格图片。界面的效果如图 6 – 6

所示。

6.8.1 案例描述

本案例显示 3 行 3 列的国旗图片,下面是国旗对应的国家名称,单击国旗图片,弹出对话框显示对应国家的名称。

6.8.2 案例分析

本案例列表项的布局比较简单。上面是一个 imageView 组件,下面是文本组件,适配器我们首选 SimpleAdapter,选用 GridView 绑定 SimpleAdapter 适配器显示图片和文字。

6.8.3 案例实现

(1) 创建项目,修改 activity_main.xml,创建表格项布局文件,新建项目,包名是 net.hnjdzy.examples.chapter06.gridviewdemo,修改 activity_main.xml,创建表格项布局文件。

图 6-6 九宫格显示图片

①修改 activity_main.xml,设置最外层为线性布局,设置 Android:orientation = "vertical";添加 GridView;依次设置 GridView 的 columnWidth 属性为200dp(列宽),gravity 为 center(居中对齐),numColumns 为3(显示 3 列),horizontalSpacing 和 verticalSpacing 的值都是 10dp(水平间距和垂直间距都是 10),activity_main.xml 的布局代码如下:

```
1. <GridView xmlns:android = "http://schemas.android.com/apk/res/android"
2.    android:id = "@ + id/gridview"
3.    android:layout_width = "match_parent"
4.    android:layout_height = "match_parent"
5.    android:columnWidth = "200dp"
6.    android:gravity = "center"
7.    android:horizontalSpacing = "10dp"
8.    android:numColumns = "3"
9.    android:stretchMode = "columnWidth"
10.    android:verticalSpacing = "10dp" >
11. </GridView >
```

②创建表格项布局文件,表格项整体是垂直方向的线性布局,上面是图片组件,下面是文本组件。

```
1. <LinearLayout xmlns:android = "http://schemas.android.com/apk/res/android"
2.    android:layout_width = "match_parent"
3.    android:layout_height = "match_parent"
4.    android:orientation = "vertical" >
5.    < ImageView
6.        android:layout_width = "match_parent"
```

```
7.          android:layout_height = "wrap_content"
8.          android:id = "@ + id/imageView"
9.          android:scaleType = "centerCrop" />
10.     <TextView
11.         android:layout_width = "match_parent"
12.         android:layout_height = "wrap_content"
13.         android:textColor = "#333333"
14.         android:text = "Caption"
15.         android:id = "@ + id/textView"
16.         android:layout_gravity = "center_horizontal"
17.         android:layout_marginLeft = "4dp" />
18. </LinearLayout>
```

(2) 修改 MainActivity 文件。

①定义图片数组、标题数组、存放 map 的列表，初始化列表数据。

```
1. //定义标题数组
2. private String[] name = {"中国","英国","德国","俄罗斯","法国","韩国","加拿大","缅甸","美国"};
3. //定义存放 map 的列表
4. private List<Map<String, Object>> flagList = new ArrayList<>();
5. //初始化列表
6. private void initData() {
7.     for (int i = 0; i < name.length; i++) {
8.         Map<String, Object> map = new HashMap<String, Object>();
9.         map.put("flag", mThumbIds[i]);
10.         map.put("name", name[i]);
11.         flagList.add(map);
12.     }
13. }
```

②定义键值集合列表和 GridView 单元格内组件 id 值的集合列表。

```
1.  //定义键值集合列表
2.  private String[] mFrom = {"flag","name"};
3.  //定义 GridView 单元格内组件 id 值的集合列表
4.  private int[] mTo = {R.id.imageView, R.id.textView};
```

③创建适配器，将 GridView 和适配器绑定起来。

```
1. SimpleAdapter flagAdapter = new SimpleAdapter(this, flagList,
2.         R.layout.flagitem, mFrom, mTo);
3.     gridView.setAdapter(flagAdapter);
```

④对 GridView 添加单击事件，显示国旗对应的国家名。

```
1.gridView.setOnItemClickListener(new AdapterView.OnItemClickListener() {
2.    @Override
3.    public void onItemClick(AdapterView <?> parent, View view, int position,
   long id) {
4.//弹出对话框显示单击国旗对应的国家名
5.Toast.makeText(MainActivity.this, name[position], Toast.LENGTH_SHORT).show
   ();
6.    }
7.});
```

6.9 AlertDialog 对话框

6.9.1 AlertDialog 对话框概述

AlertDialog 是当前界面的一个显示对话框,这个对话框置顶于所有界面元素之上,能够屏蔽掉其他控件的交互能力,AlertDialog 一般是用于提示一些非常重要的内容或警告信息。Android 中的 AlertDialog 对话框如图 6-7 所示。

创建 AlertDialog 与创建 TextView、Button 这些控件稍有不同,AlertDialog 并不是初始化（findViewById）之后就直接调用各种方法,而是在某个时机才会触发出来（如用户单击了某个按钮）。所以 AlertDialog 并不需要到布局文件中创建,而是在代码中通过构造器（AlertDialog.Builder）来构造标题、图标和按钮等内容的。创建 AlertDialog 的步骤如下:

图 6-7 AlertDialog 对话框

（1）创建构造器 AlertDialog.Builder 的对象。

（2）通过构造器对象调用 setTitle、setMessage、setIcon 等方法构造对话框的标题、信息和图标等内容。

（3）根据需要调用 setPositive()、setNegative() 方法设置"确定"按钮、"取消"按钮。"确定"按钮的单击方法如下:

```
public AlertDialog.Builder setPositiveButton (CharSequence text, DialogInterface.
OnClickListener listener)
```

第一个参数是按钮上显示的文字,第二个参数是监听器,当按下"确定"按钮时,会去调用监听器的回调函数。

"取消"按钮的单击事件如下:

```
public AlertDialog.Builder setNegativeButton (CharSequence text,DialogInterface.
OnClickListener listener)
```

和"确定"按钮相同,"取消"按钮单击方法的第一个参数是按钮上显示的文字,第二个参数是监听器,当按下"取消"按钮时,会调用监听器回调函数。

 注意:监听器是 DialogInterface 包中的 OnClickListener 监听器,请不要写成按钮单击事件 view 包中的 OnClickListener 监听器。

(4) 调用 AlertDialog. Builder 对象的 show( ) 方法,显示对话框。

6.9.2 自定义布局对话框

Android 项目开发中除了使用 AlertDialog 对话框的固定布局,还可以自己定义 AlertDialog 对话框的布局。我们可以先定义视图,再将视图添加到对话框。可以定义如下对话框的布局:

```
1.  <LinearLayout xmlns:android = "http://schemas.android.com/apk/res/android"
2.      android:layout_width = "match_parent"
3.      android:layout_height = "match_parent"
4.      android:gravity = "center"
5.      android:orientation = "vertical" >
6.    <EditText
7.        android:id = "@ +id/edt"
8.        android:layout_width = "150dp"
9.       android:layout_height = "wrap_content"
10.       android:layout_marginTop = "50dp"
11.       android:hint = "请输入内容" />
12.
13.   <LinearLayout
14.       android:layout_width = "match_parent"
15.       android:layout_height = "wrap_content"
16.       android:layout_marginBottom = "50dp"
17.       android:gravity = "center"
18.       android:orientation = "horizontal" >
19.     <Button
20.         android:id = "@ +id/confirm"
21.         android:layout_width = "wrap_content"
22.         android:layout_height = "wrap_content"
23.         android:layout_marginTop = "5dp"
24.         android:text = "确定" />
25.     <Button
26.         android:id = "@ +id/cancel"
27.         android:layout_width = "wrap_content"
28.         android:layout_height = "wrap_content"
29.         android:layout_marginTop = "5dp"
```

```
30.            android:text = "取消" />
31.      </LinearLayout>
32. </LinearLayout>
```

然后创建一个 view，并且将 view 的布局设置为以上的布局内容，再将 view 添加到 builder 中。我们可以获取 view 中文本组件的内容，设置 Button 的单击事件。

```
1. /**
2.   * 自定义布局的对话框
3.   */
4.  private void layDialog() {
5.      AlertDialog.Builder builder = new AlertDialog.Builder(MainActivity.this);
6.
7.      //创建一个 view,并且将布局加入 view 中
8.      View view = LayoutInflater.from(MainActivity.this).inflate(
9.              R.layout.dialog_edt, null, false);
10.     //将 view 添加到 builder 中
11.     builder.setView(view);
12.     //创建 dialog
13.     final Dialog dialog = builder.create();
14.     //初始化控件,注意这里是通过 view.findViewById
15.     final EditText edt = (EditText) view.findViewById(R.id.edt);
16.     Button confirm = (Button) view.findViewById(R.id.confirm);
17.     Button cancel = (Button) view.findViewById(R.id.cancel);
18.     //设置 button 的单击事件及获取 editview 中的文本内容
19.     confirm.setOnClickListener(new android.view.View.OnClickListener() {
20.         @Override
21.         public void onClick(View arg0) {
22.             //TODO Auto-generated method stub
23.             String str = edt.getText() == null ? "" : edt.getText()
24.                     .toString();
25.             myToast(str);
26.         }
27.     });
28.     //取消按钮
29.     cancel.setOnClickListener(new android.view.View.OnClickListener() {
30.         @Override
31.         public void onClick(View arg0) {
32.             //TODO Auto-generated method stub
33.             dialog.dismiss();
34.         }
36.     });
37.     dialog.show();
38. }
```

6.10 【项目实战】

6.10.1 使用 ListView 实现收入界面

1. 开发任务单

任务概况	任务描述	使用 ListView 实现收入界面		
	参与人员			
	所属产品	记账本 APP	开始时间	
	所属模块	收入管理	结束时间	
	任务类型	开发	预计工时	2 小时
	任务编号	DEV-06-001	实际工时	
任务要求	按照原型设计的要求,采用 ListView 和自定义适配器实现收入界面	用户故事/界面原型		
验收标准	(1) 满足用户需求,功能达标。 (2) 结构清晰,阅读性好。 (3) 代码编写规范,无 bug			

2. 开发任务解析

这个任务是在列表组件中显示复杂数据,我们选取 ListView 组件绑定自定义适配器来实现。首先定义界面布局,然后定义列表项布局,其次是定义自定义适配器,该适配器从 BaseAdapter 继承,最后在 MainActivity 中初始化列表数据,将 ListView 组件绑定自定义适配器来实现列表数据的显示。

3. 开发过程

(1) 打开记账本项目中和 IncomeFragment 关联的布局文件 fragment_income.xml,修改该布局文件,文件的外层是垂直方向的线性布局,从上往下先是相对布局,然后是 ListView 组件。相对布局中添加显示"收入汇总"的文本组件和显示汇总金额的文本组件,相对布局的右侧是按钮组件。

```
1. <?xml version = "1.0" encoding = "utf-8"?>
2. <LinearLayout xmlns:android = "http://schemas.android.com/apk/res/android"
3.     android:layout_width = "match_parent"
4.     android:layout_height = "match_parent"
5.     android:layout_margin = "10dp"
6.     android:orientation = "vertical" >
```

```xml
7.    <RelativeLayout
8.        android:layout_width = "match_parent"
9.        android:layout_height = "wrap_content"
10.        android:layout_marginBottom = "5dp" >
11.        <TextView
12.            android:id = "@ + id/textViewIncomeDesc"
13.            android:layout_width = "match_parent"
14.            android:layout_height = "wrap_content"
15.            android:layout_alignParentTop = "true"
16.            android:layout_centerInParent = "true"
17.            android:gravity = "center"
18.            android:paddingBottom = "10dp"
19.            android:text = "收入汇总"
20.            android:textSize = "12sp" />
21.        <TextView
22.            android:id = "@ + id/textViewIncomeSummary"
23.            android:layout_width = "match_parent"
24.            android:layout_height = "wrap_content"
25.            android:layout_below = "@ + id/textViewIncomeDesc"
26.            android:gravity = "center"
27.            android:padding = "10dp"
28.            android:text = "￥0"
29.            android:textSize = "12sp" />
30.        <Button
31.            android:id = "@ + id/buttonAdd"
32.            android:layout_width = "50dp"
33.            android:layout_height = "50dp"
34.            android:layout_alignParentRight = "true"
35.            android:layout_centerVertical = "true"
36.            android:background = "@drawable/button_shape"
37.            android:text = " + " />
38.    </RelativeLayout>
39.    <ListView
40.        android:id = "@ + id/listView1"
41.        android:layout_width = "match_parent"
42.        android:layout_height = "wrap_content" > </ListView>
43. </LinearLayout>
```

（2）创建列表项的布局文件 list_view_item.xml，该布局文件采用相对布局，在布局中分别添加显示收入类别、备注、金额、添加时间的文本组件和显示收入类别图片的图片组件。

```xml
1. <? xml version = "1.0" encoding = "utf - 8"? >
2. <RelativeLayout xmlns:android = "http://schemas.android.com/apk/res/android"
3.     xmlns:app = "http://schemas.android.com/apk/res - auto"
```

```xml
4.      android:layout_width = "match_parent"
5.      android:layout_height = "match_parent" >
6.      <TextView
7.          android:id = "@+id/textViewCategory"
8.          android:layout_width = "wrap_content"
9.          android:layout_height = "wrap_content"
10.         android:layout_alignParentLeft = "true"
11.         android:layout_alignParentTop = "true"
12.         android:layout_marginLeft = "19dp"
13.         android:layout_marginTop = "14dp"
14.         android:text = "类别" />
15.     <TextView
16.         android:id = "@+id/textViewRemark"
17.         android:layout_width = "wrap_content"
18.         android:layout_height = "wrap_content"
19.         android:layout_below = "@+id/textViewCategory"
20.         android:layout_alignLeft = "@+id/textViewCategory"
21.         android:layout_marginLeft = "120dp"
22.         android:layout_marginTop = "26dp"
23.         android:text = "备注" />
24.     <TextView
25.         android:id = "@+id/textViewMoney"
26.         android:layout_width = "wrap_content"
27.         android:layout_height = "wrap_content"
28.         android:layout_alignBaseline = "@+id/textViewCategory"
29.         android:layout_alignBottom = "@+id/textViewCategory"
30.         android:layout_alignParentRight = "true"
31.         android:layout_marginRight = "16dp"
32.         android:text = "500"
33.         android:textAppearance = "?Android:attr/textAppearanceLarge"
34.         android:textColor = "@Android:color/holo_red_light" />
35.     <TextView
36.         android:id = "@+id/textViewDate"
37.         android:layout_width = "wrap_content"
38.         android:layout_height = "wrap_content"
39.         android:layout_alignBaseline = "@+id/textViewRemark"
40.         android:layout_alignRight = "@+id/textViewMoney"
41.         android:layout_alignBottom = "@+id/textViewRemark"
42.         android:text = "2017-11-28"
44.         android:textColor = "@Android:color/darker_gray" />
45.     <ImageView
46.         android:id = "@+id/imageViewIcon"
47.         android:layout_width = "36dp"
48.         android:layout_height = "36dp"
49.         android:layout_below = "@+id/textViewCategory"
```

```
50.        android:layout_alignStart = "@ + id/textViewCategory"
51.        android:layout_marginStart = "0dp"
52.        android:layout_marginTop = "5dp"
53.        app:srcCompat = "@ drawable/baby_icon" />
54. </RelativeLayout >
```

（3）创建 net. hnjdzy. tinyaccount. adapter 包，在包中创建从 BaseAdapter 继承的 AccountItemAdapter 适配器，在适配器中创建两个成员变量，mItems 是要显示的数据，mInflater 是创建列表项视图的布局管理器。在适配器的构造方法中将参数赋值给这两个成员变量。

```
1. public class AccountItemAdapter extends BaseAdapter {
2.     private List < AccountItem > mItems;
3.     private LayoutInflater mInflater;
4.     //构造函数
5.     public AccountItemAdapter(List < AccountItem > items, Activity context){this.
   mItems = items;
6.         mInflater = LayoutInflater.from(context);
7.     }
```

（4）在 AccountItemAdapter 适配器中重写 BaseAdapter 的 getCount( ) 方法，该方法返回数据列表的长度。

```
1. public int getCount() {    //要显示的行数
2.     return this.mItems.size(); }
```

（5）在 AccountItemAdapter 适配器中重写 BaseAdapter 的 getItem( ) 方法，该方法返回 arg0 位置的对象。

```
1. public Object getItem(int arg0) {    //某行要显示的数据
2.     return this.mItems.get(arg0); }
```

（6）在 AccountItemAdapter 适配器中重写 BaseAdapter 的 getItemId( ) 方法，该方法返回 arg0 位置的对象的 id 属性，在后续删除列表项时，会用到该方法。

```
1. public long getItemId(int arg0) {    //某行的数据 ID
2.     return this.mItems.get(arg0).getId();
```

（7）在 AccountItemAdapter 适配器中重写 getView( ) 方法，该方法创建列表视图，并在视图中显示列表数据。

```
1.  public View getView(int arg0, View arg1, ViewGroup arg2) {
2.      //从布局填充得到一个 View
3.      View view = this.mInflater.inflate(R.layout.list_view_item, null);
```

```
4.          //找到View上的组件
5.   TextView tvCategory = (TextView)view.findViewById(R.id.textViewCategory);
         TextView tvRemark = (TextView)view.findViewById(R.id.textViewRemark);
6.       TextView tvMoney = (TextView)view.findViewById(R.id.textViewMoney);
7.       TextView tvDate = (TextView)view.findViewById(R.id.textViewDate);
8.       ImageView imageView = (ImageView)view.findViewById(R.id.imageViewIcon);//把数据设置到对应的组件
9.       AccountItem item = this.mItems.get(arg0);
10.      tvCategory.setText(item.getCategory());
11.      tvRemark.setText(item.getRemark());
12.      tvMoney.setText(String.valueOf(item.getMoney()));
13.      tvDate.setText(item.getDate());
14.      int icon = R.drawable.baby_icon;    //测试
15.      if(icon > 0){
16.          imageView.setImageResource(icon);
17.      }
18.      return view;
19.  }
20.}
```

(8) 打开IncomeFragment.java文件,在文件中创建ListView,初始化列表数据,构造AccountItemAdapter适配器对象,将ListView和AccountItemAdapter适配器绑定。

```
1.public class IncomeFragment extends Fragment {
2.View mRootView;
3.    @Override
4.    public View onCreateView(LayoutInflater inflater, ViewGroup container,
5.                 Bundle savedInstanceState) {
6.        //布局IncomeFragment
7.    mRootView = inflater.inflate(R.layout.fragment_income, container, false);
8.        initView();
9.        return mRootView;
10.   }
11.   //初始化界面布局
12.   private void initView() {
13.    ListView listView = (ListView) mRootView.findViewById(R.id.listView1);
14.       refreshData();
15.       }
16.   //刷新界面
17.   private void refreshData() {
18.       List<AccountItem> incomeAccountList = getTestData();
19.       AccountItemAdapter adapter = new AccountItemAdapter(incomeAccountList, getActivity());
```

```
20.        ListView listView = (ListView) mRootView.findViewById(R.id.listView1);
21.        listView.setAdapter(adapter);
22.            TextView textViewIncomeSummary = (TextView) mRootView.findViewById
(R.id.textViewIncomeSummary);
23.            textViewIncomeSummary.setText("10000");
24.    }
25.    //初始化数据列表
26.    private List<AccountItem> getTestData() {
27.        List<AccountItem> result = new ArrayList<>();
28.        for(int i = 0;i < 5;i + +) {
29.            AccountItem item = new AccountItem();
30.            item.setId(i);
31.            item.setRemark("备注");
32.            item.setCategory("兼职收入");
33.            item.setMoney(100 * i);
34.            item.setDate("2019 -01 -0" + i);
35.            result.add(item);
36.        }
37.        return result; }}
```

6.10.2 使用 RecyclerView 实现支出界面

1. 开发任务单

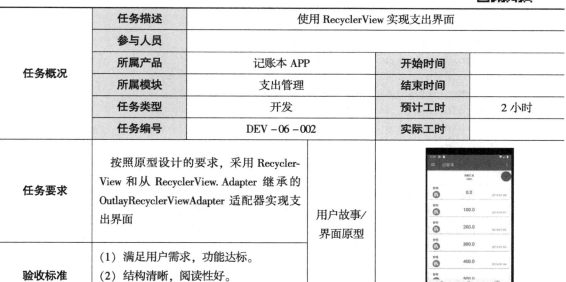

任务概况	任务描述	使用 RecyclerView 实现支出界面		
	参与人员			
	所属产品	记账本 APP	开始时间	
	所属模块	支出管理	结束时间	
	任务类型	开发	预计工时	2 小时
	任务编号	DEV -06 -002	实际工时	
任务要求	按照原型设计的要求,采用 RecyclerView 和从 RecyclerView.Adapter 继承的 OutlayRecyclerViewAdapter 适配器实现支出界面	用户故事/界面原型		
验收标准	(1) 满足用户需求,功能达标。 (2) 结构清晰,阅读性好。 (3) 代码编写规范,无 bug			

2. 开发任务解析

这个任务是使用 RecyclerView 组件绑定从 RecyclerView.Adapter 继承的 OutlayRecyclerViewAdapter 适配器实现支出界面的显示。首先定义界面布局,然后定义列表项布局,其次是定义 Outlay-

RecyclerViewAdapter 适配器，该适配器从 RecyclerView.Adapter 继承，最后在 MainActivity 中初始化列表数据，将 RecyclerView 组件绑定 OutlayRecyclerViewAdapter 适配器来实现列表数据的显示。

3. 开发过程

（1）打开记账本项目中和 OutlayFragment 关联的布局文件 fragment_outlay.xml，修改该布局文件，文件的外层是垂直方向的线性布局，从上往下先是相对布局，然后是 RecyclerView 组件。相对布局中添加显示"支出汇总"的文本组件和显示"汇总金额"的文本组件，相对布局的右侧是按钮组件。

```
1.  <RelativeLayout xmlns:android = "http://schemas.android.com/apk/res/android"
2.      xmlns:app = "http://schemas.android.com/apk/res-auto"
3.      android:layout_width = "match_parent"
4.      android:layout_height = "match_parent" >
5.      <TextView
6.          android:id = "@ +id/textViewCategory"
7.          android:layout_width = "wrap_content"
8.          android:layout_height = "wrap_content"
9.          android:layout_alignParentLeft = "true"
10.         android:layout_alignParentTop = "true"
11.         android:layout_marginLeft = "19dp"
12.         android:layout_marginTop = "14dp"
13.         android:text = "类别" />
14.     <TextView
15.         android:id = "@ +id/textViewRemark"
16.         android:layout_width = "wrap_content"
17.         android:layout_height = "wrap_content"
18.         android:layout_below = "@ +id/textViewCategory"
19.         android:layout_alignLeft = "@ +id/textViewCategory"
20.         android:layout_marginLeft = "120dp"
21.         android:layout_marginTop = "26dp"
22.         android:text = "备注" />
23.     <TextView
24.         android:id = "@ +id/textViewMoney"
25.         android:layout_width = "wrap_content"
26.         android:layout_height = "wrap_content"
27.         android:layout_alignBaseline = "@ +id/textViewCategory"
28.         android:layout_alignBottom = "@ +id/textViewCategory"
29.         android:layout_alignParentRight = "true"
30.         android:layout_marginRight = "16dp"
31.         android:text = "500"
32.         android:textAppearance = "? Android:attr/textAppearanceLarge"
33.         android:textColor = "@ Android:color/holo_red_light" />
34.     <TextView
35.         android:id = "@ +id/textViewDate"
```

```
36.        android:layout_width = "wrap_content"
37.        android:layout_height = "wrap_content"
38.        android:layout_alignBaseline = "@ +id/textViewRemark"
39.        android:layout_alignRight = "@ +id/textViewMoney"
40.        android:layout_alignBottom = "@ +id/textViewRemark"
41.        android:text = "2017 -11 -28"
42.        android:textColor = "@ Android:color/darker_gray" />
43.    < ImageView
44.        android:id = "@ +id/imageViewIcon"
45.        android:layout_width = "36dp"
46.        android:layout_height = "36dp"
47.        android:layout_below = "@ +id/textViewCategory"
48.        android:layout_alignStart = "@ +id/textViewCategory"
49.        android:layout_marginStart = "0dp"
50.        android:layout_marginTop = "5dp"
51.        app:srcCompat = "@ drawable/baby_icon" />
52. < /RelativeLayout >
```

（2）创建列表项的布局文件 list_view_item.xml，该布局文件采用相对布局，在布局中分别添加显示支出类别、备注、金额、添加时间的文本组件和显示支出类别图片的图片组件。

（3）创建 OutlayRecyclerViewAdapter 适配器，该适配器从 RecyclerView.Adapter 继承，在适配器中定义成员变量：布局管理器和数据列表，定义适配器的构造方法，在构造方法中将参数分别赋值给布局管理器和数据列表成员变量。

```
1. public class OutlayRecyclerViewAdapter extends RecyclerView.Adapter <Outlay
RecyclerViewAdapter.NormalTextViewHolder > {
2.     //定义布局管理器
3.     private final LayoutInflater mLayoutInflater;
4.     //定义数据列表
5.     private List <AccountItem > mItems;
6.   public OutlayRecyclerViewAdapter (Activity context, List < AccountItem >
items) {
7.        mLayoutInflater = LayoutInflater.from(context);
8.        mItems = items;
9.    }}
```

（4）在 OutlayRecyclerViewAdapter 类中创建内部类 NormalTextViewHolder，该类从 RecyclerView.ViewHolder 类继承，是列表项视图的模板。

```
1. public static class NormalTextViewHolder extends RecyclerView.ViewHolder {
        TextView tvCategory;
2.      TextView tvRemark;
```

```
3.        TextView tvMoney;
4.        TextView tvDate;
5.        ImageView imageView;
6.        NormalTextViewHolder(View view) {
7.            super(view);
8.            tvCategory = (TextView) view.findViewById(R.id.textViewCategory);
9.            tvRemark = (TextView) view.findViewById(R.id.textViewRemark);
10.           tvMoney = (TextView) view.findViewById(R.id.textViewMoney);
11.           tvDate = (TextView) view.findViewById(R.id.textViewDate);
12.           imageView = (ImageView) view.findViewById(R.id.imageViewIcon);
13.       }}
```

（5）在OutlayRecyclerViewAdapter适配器中重写onCreateViewHolder()方法，该方法可创建列表视图。

```
1.//创建列表视图
2.    @Override
3.    public NormalTextViewHolder onCreateViewHolder(ViewGroup parent, int viewType) {
4.        return new NormalTextViewHolder(mLayoutInflater.inflate(R.layout.recyclerview_item, parent, false));
5.    }
```

（6）在OutlayRecyclerViewAdapter适配器中重写onBindViewHolder()方法，该方法将列表数据显示在列表组件中。

```
1.//将列表数据显示在列表组件中
2.    @Override
3.    public void onBindViewHolder(NormalTextViewHolder holder, int position) {
4.        //把数据设置到对应的组件
5.        AccountItem item = this.mItems.get(position);
6.        holder.tvCategory.setText(item.getCategory());
7.        holder.tvRemark.setText(item.getRemark());
8.        holder.tvMoney.setText(String.valueOf(item.getMoney()));
9.        holder.tvDate.setText(item.getDate());
10.       int icon = R.drawable.book_icon;   //测试
11.       if (icon > 0) {
12.           holder.imageView.setImageResource(icon);
13.       }
14.   }
```

（7）在OutlayRecyclerViewAdapter适配器中重写getItemCount()方法，返回列表数据的长度。

```
1. @Override
2.    public int getItemCount() {
3.       return mItems == null ? 0 : mItems.size();
4.    }
```

（8）打开 OutlayFragment.java 类文件，在类中创建 RecyclerView，初始化列表数据，构造 OutlayRecyclerViewAdapter 适配器对象，将 RecyclerView 和 OutlayRecyclerViewAdapter 适配器绑定。

```
1. public class OutlayFragment extends Fragment {
2.     //定义返回的视图和 mRecyclerView
3.     private View mRootView;
4.     private RecyclerView mRecyclerView;
5.     @Override
6.     public View onCreateView(LayoutInflater inflater, ViewGroup container,
7.                              Bundle savedInstanceState) {
8.         //Inflate the layout for this fragment
9.         mRootView = inflater.inflate(R.layout.fragment_outlay, container, false);
10.        initView();
11.        return mRootView;
12.    }
13.    //初始化界面
14.    private void initView() {
15.        refresh();
16.        Button buttonAdd = (Button)mRootView.findViewById(R.id.buttonAdd);
17.        buttonAdd.setOnClickListener(new View.OnClickListener(){
18.            @Override
19.            public void onClick(View v) {
20.                buttonAddOnClick();
21.            }
22.
23.        });
24.    }
25.    protected void buttonAddOnClick() {
26.        Intent intent =new Intent(this.getActivity(), AccountEditActivity.class);
27.        intent.putExtra("isIncome", false);
28.        //this.startActivityForResult(intent, 1);
29.        startActivity(intent);
30.    }
31.    //刷新列表
32.    private void refresh(){
33.        List<AccountItem> outlayAccountList = getTestData();
34.        mRecyclerView = (RecyclerView)mRootView.findViewById(R.id.recyclerView);
35.        mRecyclerView.setLayoutManager(new LinearLayoutManager(this.getActivity()));
```

```
36.            mRecyclerView.setAdapter(new OutlayRecyclerViewAdapter(this.getActi
   vity(),outlayAccountList));
37.            TextView textViewIncomeSummary = (TextView)mRootView.findViewById
   (R.id.textViewIncomeSummary);
38.            textViewIncomeSummary.setText("2000");
39.      }
40.      //初始化数据列表
41.      private List<AccountItem> getTestData() {
42.          List<AccountItem> result = new ArrayList<>();
43.          for(int i=0;i<10;i++) {
44.              AccountItem item = new AccountItem();
45.              item.setId(i);
46.              item.setCategory("食物");
47.              item.setMoney(100*i);
48.              item.setDate("2019-01-0"+i);
49.              result.add(item);
50.          }
51.          return result;
52.      }
53.}
```

6.10.3 实现添加收入界面

1. 开发任务单

任务概况	任务描述	实现添加收入界面		
	参与人员			
	所属产品	记账本 APP	开始时间	
	所属模块	收入管理	结束时间	
	任务类型	开发	预计工时	2 小时
	任务编号	DEV-06-003	实际工时	
任务要求	(1) 单击收入界面的"添加"按钮，能跳转到收入管理界面。 (2) 单击收入管理界面的收入类别，能显示在上方的文本组件中	用户故事/界面原型		
验收标准	(1) 满足用户需求，功能达标。 (2) 结构清晰，阅读性好。 (3) 代码编写规范，无 bug			

2. 开发任务解析

这个任务是在记账本项目的收入界面单击"添加"按钮，使用 Intent 组件跳转到收入管理界面，使用 Intent 实现页面跳转，附带参数 isIncome，表示添加的数据是否是收入数据。在收入管理界面上部显示收入类别，中间显示备注和金额文本框，最下面是"确定"按钮。收入管理界面整体使用垂直方向的线性布局。收入类别使用 GridView 绑定 ArrayAdapter 显示出来。对 GridView 添加单击事件，将单击选中的收入类别显示在文本组件上。

3. 开发过程

（1）创建收入管理界面的布局文件 activity_account_edit.xml。

```
1.  <LinearLayout xmlns:android = "http://schemas.android.com/apk/res/android"
2.      xmlns:tools = "http://schemas.android.com/tools"
3.      android:layout_width = "match_parent"
4.      android:layout_height = "match_parent"
5.      android:orientation = "vertical"
6.      android:paddingLeft = "@dimen/activity_horizontal_margin"
7.      android:paddingTop = "@dimen/activity_vertical_margin"
8.      android:paddingRight = "@dimen/activity_horizontal_margin"
9.      android:paddingBottom = "@dimen/activity_vertical_margin" >
10.     <RelativeLayout
11.         android:layout_width = "match_parent"
12.         android:layout_height = "wrap_content" >
13.         <TextView
14.             android:id = "@+id/textViewRemark"
15.             android:layout_width = "wrap_content"
16.             android:layout_height = "wrap_content"
17.             android:text = "类别" />
18.         <TextView
19.             android:id = "@+id/textViewSelectedType"
20.             android:layout_width = "wrap_content"
21.             android:layout_height = "wrap_content"
22.             android:layout_alignParentTop = "true"
23.             android:layout_marginLeft = "15dp"
24.             android:layout_toRightOf = "@+id/textViewRemark"
25.             android:text = "TextView" />
26.     </RelativeLayout>
27.     <GridView
28.         android:id = "@+id/gridView1"
29.         android:layout_width = "match_parent"
30.         android:layout_height = "93dp"
31.         android:layout_marginBottom = "10dp"
32.         android:numColumns = "5" ></GridView>
33.     <TextView
34.         android:id = "@+id/textView2"
35.         android:layout_width = "wrap_content"
36.         android:layout_height = "wrap_content"
```

```
37.            android:text = "备注" />
38.        <EditText
39.            android:id = "@ + id/editTextRemark"
40.            android:layout_width = "match_parent"
41.            android:layout_height = "wrap_content"
42.            android:layout_marginBottom = "10dp"
43.            android:ems = "10" >
44.             <requestFocus />
45.        </EditText>
46.        <TextView
47.            android:id = "@ + id/textView3"
48.            android:layout_width = "wrap_content"
49.            android:layout_height = "wrap_content"
50.            android:text = "金额" />
51.        <EditText
52.            android:id = "@ + id/editTextMoney"
53.            android:layout_width = "match_parent"
54.            android:layout_height = "wrap_content"
55.            android:ems = "10" />
56.        <Button
57.            android:id = "@ + id/buttonOk"
58.            android:layout_width = "match_parent"
59.            android:layout_height = "45dp"
60.            android:layout_marginTop = "20dp"
61.            android:background = "@ drawable/login_button_shape"
62.            android:text = "确定" />
63.    </LinearLayout>
```

（2）在记账本项目的 net.hnjdzy.tinyaccount.activity 包中创建 AccountEditActivity.java 文件，声明显示收入类别的表格组件、显示收入类别的文本组件、输入收入的文本组件、输入收入备注的文本组件。

```
1. public class AccountEditActivity extends AppCompatActivity {
2.     //显示收入类别的表格组件
3.     private List <AccountCategory> categoryList;
4.     //显示收入类别的文本组件
5.     private TextView textViewSelectedType;
6.     //输入收入的文本组件
7.     private EditText editTextMoney;
8.     //输入收入备注的文本组件
9.     private EditText editTextRemark;
10.    @Override
11.    protected void onCreate(Bundle savedInstanceState) {
12.        super.onCreate(savedInstanceState);
```

```
13.        setContentView(R.layout.activity_account_edit);
14.         textViewSelectedType = (TextView)this.findViewById(R.id.textView
    SelectedType);
15.         editTextMoney = (EditText)this.findViewById(R.id.editTextMoney);
16.         editTextRemark = (EditText)this.findViewById(R.id.editTextRemark)
17.    }}
```

（3）打开 net.hnjdzy.tinyaccount.activity 包中的 IncomeFragment.java 文件，在该类中添加按钮的单击方法，在方法中添加跳转到 AccountEditActivity 类的代码。

```
1. //初始化界面
2. private void initView() {
3.     ListView listView = (ListView) mRootView.findViewById(R.id.listView1);
4.     refreshData();
5.     //添加收入按钮
6.     Button buttonAdd = (Button)mRootView.findViewById(R.id.buttonAdd);
7.     //给按钮注册监听器
8.     buttonAdd.setOnClickListener(new View.OnClickListener(){
9.         @Override
10.        public void onClick(View v) {
11.            buttonAddOnClick();
12.        }
13.    });
14. }
15. protected void buttonAddOnClick() {
16. //Intent 实现页面跳转,参数"isIncome"表示添加的数据是否是收入数据
17.    Intent intent = new Intent(this.getActivity(), AccountEditActivity.class);
18.    intent.putExtra("isIncome", true);
19.    //this.startActivityForResult(intent,1);
20.    startActivity(intent);
21. }
```

（4）初始化类别数据，根据参数 isIncome 的值，如果其值是 true，显示收入类别；如果是 false，显示支出类别。类别数据用 GridView 绑定 ArrayAdapter 显示。

```
1. public class AccountEditActivity extends AppCompatActivity {
2.    //显示收入类别的表格组件
3.    private List<AccountCategory> categoryList;
4.    //显示收入类别的文本组件
5.    private TextView textViewSelectedType;
6.    //输入收入的文本组件
7.    private EditText editTextMoney;
8.    //输入收入备注的文本组件
9.    private EditText editTextRemark;
```

```
10.    //是否是收入数据的标志,true 表示收入数据,false 表示支出数据
11.    private boolean isIncome;
12.    @Override
13.    protected void onCreate(Bundle savedInstanceState) {
14.        super.onCreate(savedInstanceState);
15.        setContentView(R.layout.activity_account_edit);
16.        //从 Intent 中获得 isIncome 参数
17.        isIncome = this.getIntent().getBooleanExtra("isIncome", true);
18.        textViewSelectedType = (TextView)this.findViewById(R.id.textViewSelectedType);
19.        editTextMoney = (EditText) this.findViewById(R.id.editTextMoney);
20.        editTextRemark = (EditText)this.findViewById(R.id.editTextRemark);
21.        //如果"isIncome"是 true,类别文本显示"工资",否则,显示"交通"
22.        if (isIncome)
23.            textViewSelectedType.setText("工资");
24.        else
25.            textViewSelectedType.setText("交通");
26.        editTextMoney.setText("100");
27.        //初始化表格显示的数据
28.        initView();
29.    }
30.    private void initView() {
31.        //如果"isIncome"是 true,表格显示收入类别,否则,显示支出类别
32.        if (isIncome)
33.            getTestDataIncome();
34.        else
35.            getTestDataOutlay();
36.        //定义 GridView 组件
37.        GridView gridView = (GridView)this.findViewById(R.id.gridView1);
38.        //定义 ArrayAdapter 适配器,将 GridView 和 ArrayAdapter 适配器绑定
39.        ArrayAdapter adapter = new ArrayAdapter(this,
40.            android.R.layout.simple_list_item_1, categoryList);
41.        gridView.setAdapter(adapter);
42.            }
43.    //定义方法返回收入类别列表
44.        private List <AccountCategory> getTestDataIncome() {
45.        categoryList = new ArrayList< >();
46.        categoryList.add(new AccountCategory(1, "工资", R.drawable.fund_icon));
47.        categoryList.add(new AccountCategory(2, "奖金", R.drawable.insurance_icon));
48.        categoryList.add(new AccountCategory(3, "兼职收入", R.drawable.baby_icon));
49.        return categoryList;
```

```
50.     }
51. //定义方法返回支出类别列表
52.     private List<AccountCategory> getTestDataOutlay(){
53.         categoryList = new ArrayList<>();
54.         categoryList.add(new AccountCategory(1,"交通",R.drawable.traffic_icon));
55.         categoryList.add(new AccountCategory(2,"食物",R.drawable.breakfast_icon));
56.         categoryList.add(new AccountCategory(3,"图书",R.drawable.book_icon));
57.         categoryList.add(new AccountCategory(4,"电影",R.drawable.film_icon));
58.         return categoryList;
59.     }
60. }
```

（5）单击 GridView 中的收入类别，单击的收入类别显示在上面的类别文本组件中。

```
1.gridView.setOnItemClickListener(new AdapterView.OnItemClickListener() {
2.     @Override
3.     public void onItemClick(AdapterView<?> parent, View view,
4.             int position,long id){
5.         gridViewOnItemClick(position);
6.     }
7. });
8.protected void gridViewOnItemClick(int position){
9.    textViewSelectedType.setText(this.categoryList.get(position).toString());
10.   }
```

6.10.4 实现收入支出类别管理界面

1. 开发任务单

任务概况	任务描述	实现收入支出类别管理界面		
	参与人员			
	所属产品	记账本 APP	开始时间	
	所属模块	类别管理	结束时间	
	任务类型	开发	预计工时	2 小时
	任务编号	DEV-06-004	实际工时	

(续)

任务要求	按照原型设计的要求，采用 GridView 和从 RecyclerView. Adapter 继承的 OutlayRecyclerViewAdapter 适配器实现收入支出管理界面	用户故事/界面原型	
验收标准	(1) 单击抽屉菜单栏的"设置"菜单，要能跳转到收入支出管理界面。 (2) 界面符合 Android 设计规范，采用 Material 风格。 (3) 界面适配大部分主流手机屏幕。 (4) 界面字符串满足国际化要求，可以根据手机语言变换（中文和英文）		

2. 开发任务解析

这个任务是在记账本项目的主界面单击抽屉菜单栏的"设置"菜单，使用 Intent 组件跳转到收入支出类别管理界面。在收入支出类别管理界面中，整体布局是垂直方向的线性布局，上部显示收入类别，下部显示支出类别。收入支出管理界面整体使用垂直方向的线性布局。收入支出类别使用 GridView 绑定 SimpleAdapter 显示出来。

3. 开发过程

（1）设置收入支出类别的交互界面 SettingActivity. java。

```
1. public class SettingActivity extends AppCompatActivity {
2.     @Override
3.     protected void onCreate(Bundle savedInstanceState) {
4.         super.onCreate(savedInstanceState);
5.         setContentView(R.layout.activity_setting);
6.     }
7. }
```

（2）创建与 SettingActivity. java 关联的布局文件 activity_setting. xml。

```
1. <?xml version = "1.0" encoding = "utf-8"?>
2. <LinearLayout xmlns:android = "http://schemas.android.com/apk/res/android"
3.     android:layout_width = "match_parent"
4.     android:layout_height = "match_parent"
5.     android:layout_margin = "1dp"
6.     android:orientation = "vertical" >
7.     <LinearLayout
8.         android:layout_width = "match_parent"
9.         android:layout_height = "wrap_content"
```

```
10.         android:layout_margin = "10dp"
11.         android:layout_weight = "0.5"
12.         android:orientation = "vertical" >
13.             <RelativeLayout
14.                 android:layout_width = "match_parent"
15.                 android:layout_height = "wrap_content"
16.                 android:background = "@color/colorPrimary" >
17.                 <Button
18.                     android:id = "@+id/buttonAddIncomeCategory"
19.                     android:layout_width = "50dp"
20.                     android:layout_height = "50dp"
21.                     android:layout_alignParentTop = "true"
22.                     android:layout_alignParentRight = "true"
23.                     android:background = "@drawable/button_shape"
24.                     android:text = " + " />
25.                 <TextView
26.                     android:id = "@+id/textViewRemark"
27.                     android:layout_width = "wrap_content"
28.                     android:layout_height = "wrap_content"
29.                     android:layout_alignBaseline = "@+id/buttonAddIncomeCategory"
                        android:layout_alignBottom = "@+id/buttonAddIncomeCategory"
30.                     android:layout_alignParentLeft = "true"
31.                     android:text = "收入类别:" />
32.             </RelativeLayout>
33.             <GridView
34.                 android:id = "@+id/gridView1"
35.                 android:layout_width = "match_parent"
36.                 android:layout_height = "wrap_content"
37.                 android:numColumns = "3" > </GridView>
38.         </LinearLayout>
39.         <LinearLayout
40.             android:layout_width = "match_parent"
41.             android:layout_height = "wrap_content"
42.             android:layout_margin = "10dp"
43.             android:layout_weight = "0.5"
44.             android:orientation = "vertical" >
45.             <RelativeLayout
46.                 android:layout_width = "match_parent"
47.                 android:layout_height = "wrap_content"
48.                 android:background = "@color/colorPrimary" >
49.                 <Button
50.                     android:id = "@+id/buttonAddOutlayCategory"
51.                     android:layout_width = "50dp"
52.                     android:layout_height = "50dp"
53.                     android:layout_alignParentTop = "true"
```

```
54.            android:layout_alignParentRight = "true"
55.            android:background = "@drawable/button_shape"
56.            android:text = " + " />
57.         <TextView
58.            android:id = "@ + id/textView2"
59.            android:layout_width = "wrap_content"
60.            android:layout_height = "wrap_content"
61.            android:layout_alignBaseline = "@ + id/buttonAddOutlayCategory"
               android:layout_alignBottom = "@ + id/buttonAddOutlayCategory"
62.            android:layout_alignParentLeft = "true"
63.            android:text = "支出类别:" />
64.         </RelativeLayout>
65.         <GridView
66.            android:id = "@ + id/gridView2"
67.            android:layout_width = "match_parent"
68.            android:layout_height = "wrap_content"
69.            android:numColumns = "3" ></GridView>
70.      </LinearLayout>
71. </LinearLayout>
```

（3）创建表格项的布局文件 category_item.xml。

```
1. <?xml version = "1.0" encoding = "utf - 8"?>
2. <LinearLayout xmlns:android = "http://schemas.android.com/apk/res/android"
3.    xmlns:app = "http://schemas.android.com/apk/res - auto"
4.    android:layout_width = "match_parent"
5.    android:layout_height = "match_parent"
6.    android:orientation = "vertical" >
7.    <ImageView
8.       android:id = "@ + id/imageViewCategory"
9.       android:layout_width = "36dp"
10.       android:layout_height = "36dp"
11.       android:layout_marginTop = "2dp"
12.       android:layout_weight = "1"
13.       app:srcCompat = "@drawable/book_icon" />
14.    <TextView
15.       android:id = "@ + id/textViewCategory"
16.       android:layout_width = "wrap_content"
17.       android:layout_height = "wrap_content"
18.       android:layout_weight = "1"
19.       android:text = "TextView" />
20. </LinearLayout>
```

（4）在 SettingActivity.java 中定义 GridView 组件、key 值数组、表格项组件 Id 数组、收入类别的 hash 列表、SimpleAdapter 适配器，显示收入类别。

```java
1. public class SettingActivity extends AppCompatActivity {
2.     //key值数组,适配器通过key值取value,与列表项组件一一对应
3.     private String[] mFrom = { "icon", "title" };
4.     //表格项组件Id数组
5.     private int[] mTo = { R.id.imageViewCategory, R.id.textViewCategory };
6.     @Override
7.     protected void onCreate(Bundle savedInstanceState) {
8.         super.onCreate(savedInstanceState);
9.         setContentView(R.layout.activity_setting);
10.        initView();
11.    }
12.    private void initView() {
13.        refreshData();
14.    }
15.    //刷新界面
16.    private void refreshData() {
17.        //显示收入类别的组件
18.        GridView gridView = (GridView)this.findViewById(R.id.gridView1);
19.        //Adapter
20.        List<AccountCategory> incomeCategoryList = getTestDataIncome();
21.        List<Map<String, Object>> incomeList = new ArrayList<>();
22.        //将收入类型对象列表转化为map列表
23.        for (AccountCategory c: incomeCategoryList){
24.            Map<String, Object> map = new HashMap<String, Object>();
25.            map.put("icon", c.getIcon());
26.            map.put("title", c.getCategory());
27.            incomeList.add(map);
28.        }
29.        //定义SimpleAdapter
30.        SimpleAdapter adapter = new SimpleAdapter(this, incomeList,
31.                R.layout.category_item, mFrom, mTo);
32.        //gridView1绑定adapter1,显示收入类别
33.        gridView.setAdapter(adapter);
34.        //显示支出类别的组件
35.        GridView gridView2 = (GridView)this.findViewById(R.id.gridView2);
36.        //获得支出类型对象列表
37.        List<AccountCategory> outlayCategoryList = getTestDataOutlay();
38.        //将支出类型对象列表转化为map列表
39.        List<Map<String, Object>> outlayList = new ArrayList<>();
40.        for (AccountCategory c: outlayCategoryList){
41.            Map<String, Object> map = new HashMap<String, Object>();
42.            map.put("icon", c.getIcon());
43.            map.put("title", c.getCategory());
44.            outlayList.add(map);
45.        }
```

```
46.     }
47.     //获得支出类别对象列表
48.     private List<AccountCategory> getTestDataOutlay(){
49.         List<AccountCategory> outlayList =new ArrayList<>();
50.         outlayList.add(new AccountCategory(1,"工资",R.drawable.fund_icon));
51.         outlayList.add(new AccountCategory(2,"奖金",R.drawable.insurance_icon));
52.         outlayList.add(new AccountCategory(3,"兼职收入",R.drawable.baby_icon));
53.         return outlayList;
54.     }
55. }
```

(5)在SettingActivity.java中显示支出类别。

```
1.  GridView gridView2 = (GridView)this.findViewById(R.id.gridView2);
2.      //获得支出类型对象列表
3.      List<AccountCategory> outlayCategoryList = getTestDataOutlay();
4.      //将支出类型对象列表转化为map列表
5.      List<Map<String,Object>> outlayList =new ArrayList<>();
6.      for(AccountCategory c: outlayCategoryList){
7.          Map<String,Object> map =new HashMap<String,Object>();
8.          map.put("icon",c.getIcon());
9.          map.put("title",c.getCategory());
10.         outlayList.add(map);
11.     }
12.     //定义SimpleAdapter
13.     SimpleAdapter adapter2 =new SimpleAdapter(this,outlayList,
14.             R.layout.category_item,mFrom,mTo);
15.     //GridView2绑定Adapter2,显示支出类别
16.     gridView2.setAdapter(adapter2);
17. }
18. //获得支出类别对象列表
19. private List<AccountCategory> getTestDataOutlay(){
20.     List<AccountCategory> outlayList =new ArrayList<>();
21.     outlayList.add(new AccountCategory(1,"工资",R.drawable.fund_icon));
22.     outlayList.add(new AccountCategory(2,"奖金",R.drawable.insurance_icon));
23.     outlayList.add(new AccountCategory(3,"兼职收入",R.drawable.baby_icon));
24.     return outlayList;
25. }
```

6.10.5 挑战任务

1. 一星挑战任务：ListView 绑定 ArrayAdapter 显示简单列表

任务概况	任务描述	ListView 绑定 ArrayAdapter 显示简单列表		
	参与人员			
	所属产品	记账本 APP	开始时间	
	所属模块	支出管理	结束时间	
	任务类型	开发	预计工时	2 小时
	任务编号	DEV-02-005	实际工时	
任务要求	（1）按照原型设计的要求，采用合适的布局方式和组件实现列表界面。 （2）单击列表项，弹出"确认删除"对话框，单击"删除"按钮，删除对应的列表项。	用户故事/界面原型		
验收标准	（1）界面符合 Android 设计规范，采用 Material 风格。 （2）界面适配大部分主流手机屏幕。 （3）界面字符串满足国际化要求，可以根据手机语言变换（中文和英文）。 （4）能够正确地显示列表。 （5）能够正确地删除列表项			

2. 二星挑战任务：删除支出界面的列表项

任务概况	任务描述	删除支出界面的列表项		
	参与人员			
	所属产品	记账本 APP	开始时间	
	所属模块	用户管理	结束时间	
	任务类型	开发	预计工时	2 小时
	任务编号	DEV-02-006	实际工时	
任务要求	（1）按照原型设计的要求，采用合适的布局方式实现支出界面。 （2）单击列表项的删除图标，弹出"提示"对话框，单击"确认"按钮，删除列表项。	用户故事/界面原型		
验收标准	（1）界面符合 Android 设计规范，采用 Material 风格。 （2）界面适配大部分主流手机屏幕。 （3）界面字符串满足国际化要求，可以根据手机语言变换（中文和英文）。 （4）能够正确地删除列表项			

Android 应用程序开发项目化教程

3. 三星挑战任务：实现添加支出界面

<table>
<tr><td rowspan="6">任务概况</td><td>任务描述</td><td colspan="2">实现添加支出界面</td><td colspan="2"></td></tr>
<tr><td>参与人员</td><td colspan="2"></td><td colspan="2"></td></tr>
<tr><td>所属产品</td><td colspan="2">记账本 APP</td><td>开始时间</td><td></td></tr>
<tr><td>所属模块</td><td colspan="2">支出管理</td><td>结束时间</td><td></td></tr>
<tr><td>任务类型</td><td colspan="2">开发</td><td>预计工时</td><td>2 小时</td></tr>
<tr><td>任务编号</td><td colspan="2">DEV – 02 – 007</td><td>实际工时</td><td></td></tr>
<tr><td>任务要求</td><td colspan="2">（1）按照原型设计的要求，采用合适的布局方式实现添加支出界面。
（2）单击支出界面的"添加"按钮，能正确跳转到添加支出界面。
（3）单击支出类别，能在上面的文本组件中显示该支出类别</td><td colspan="3" rowspan="2">用户故事/
界面原型</td></tr>
<tr><td>验收标准</td><td colspan="2">（1）界面符合 Android 设计规范，采用 Material 风格。
（2）界面适配大部分主流手机屏幕。
（3）界面字符串满足国际化要求，可以根据手机语言变换（中文和英文）。
（4）实现了页面跳转。
（5）单击支出项，应该能显示该支出项</td></tr>
</table>

本章小结

本章主要介绍了 Android 应用程序中常用的列表组件、适配器及 AlertDialog 对话框的使用；讲解了列表组件如何与适配器绑定。对于常用列表控件 ListView、GridView 要熟练掌握，对于 BaseAdapter、ArrayAdapter、SimpleAdapter 要熟练掌握，对于 AlertDialog 要熟练掌握 setTitle()、setMessage()、setPositive()、setNegative() 方法，能够将列表组件与适配器绑定显示数据，能够弹出 AlertDialog 对话框，响应"确定"按钮和"取消"按钮。本章的主要内容用思维导图总结如下：

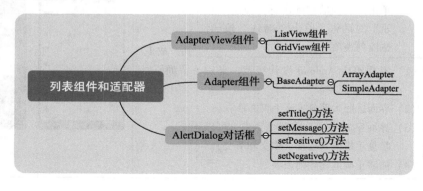

第 7 章 数据存储

小猿做介绍

小猿加班回家顿感身心疲惫，心想程序员真累。顺手拿起放在沙发上的《西游记》，看看神仙过的日子吧！看到第三回孙悟空在生死簿上将自己名字勾掉，从此长生不老。想不到老孙在生死簿上查找自己的名字竟是一本一本、一页一页的查？用笔勾掉名字，数据不能恢复才长生不老？想象一下各种生灵，万物有灵，大大小小，连蝼蚁飞蛾也是命，从单细胞到现代社会真是大数据呀！哈哈，神仙没有高科技还真不如程序员，想我程序员一键查询，一键删除，真是"只羡键盘不羡仙，小程序员赛神仙"啊！我还是去研究记账本 APP 的数据库吧。

小猿发布任务

记账本中引导页、登录和注册界面、主界面导航栏、概要收入支出、类别管理原型设计，以及原型的交互设计。

小猿做培训

中国数据库开拓者——萨师煊

萨师煊（1922 年 12 月 27 日—2010 年 7 月 11 日，计算机科学家）是中国人民大学经济信息管理系的创建人，是我国数据库学科的奠基人之一，数据库学术活动的积极倡导者和组织者，原中国计算机学会常务理事、软件专业委员会常务委员兼数据库学组组长，中国计算机学会数据库专业委员会名誉主任委员，原中国人民大学经济信息管理系主任、名誉系主任。

20 世纪 70 年代末，以萨师煊为代表的老一辈科学家以一种强烈的责任心和敏锐的学术洞察力，率先在国内开展数据库技术的教学与研究工作。1979 年，萨师煊将自己的讲稿汇集成《数据库系统简介》和《数据库方法》，在当时的《电子计算机参考资料》上发表。这是我国最早的数据库学术论文，对我国数据库研究和普及起到了启蒙的作用。随后，他发表了不少相关学术论文，内容涉及关系数据库理论、数据模型、数据库设计、数据库管理系统实现等诸多方面。

总之，萨师煊对我国数据库技术的发展、应用和学术交流起到了很大的推动作用，对我国数据库技术跟踪国际前沿、缩短与国际的差距做出了杰出贡献。

7.1 SharedPreferences

SharedPreferences 类提供了一个通用的框架,允许保存和检索以持久化的键值对形式存储的原始数据。可以使用 SharedPreferences 保存任意类型的原始数据:布尔型、浮点型、整型、长整型和字符串。即使应用程序已经退出,这些数据仍将会存放在用户会话中。它以 xml 形式存储数据,在应用中通常做一些简单数据的持久化存储。

7.1.1 写数据

将数据存储到 SharedPreferences 中的步骤如下。

(1) 获得 SharedPreferences 对象。

(2) 调用 edit(),获得一个 SharedPreferences.Editor。

(3) 使用 putBoolean(String key, Boolean value) 或 putString(String key, String value) 等方法向其添加值。

(4) 使用 commit() 或 apply() 提交新值。

示例如下:

```
1.//获得 SharePreferences 对象
2.SharedPreferences settings = getSharedPreferences("MyPrefsFile",0);
3.//调用 edit(),获得 SharedPreferences.Editor
4.SharedPreferences.Editor editor = settings.edit();
5.//使用 putBoonlean(key,value)添加值
6.editor.putBoolean("silentMode", mSilentMode);
7.//commit()或 apply()提交
8.editor.commit();
9.//或
10.//editor.apply();
```

7.1.2 读数据

要在应用程序中获得 SharedPreferences 对象,可以使用以下两种方法。

(1) 当需要多个配置文件时,使用 getSharedPreferences(String name, int mode) 方法,配置文件由名称标识,名称由第一个参数指定。

(2) 当仅需要一个配置文件时,使用 getPreferences(int mode) 方法,由于这时只有 Activity 这唯一一个配置文件,所以不必提供名称。其中,参数 mode 取值的含义如表 7-1 所示。

表 7-1 参数 mode 取值的含义

值	含 义
MODE_PRIVATE (0)	默认方式,只能被创建的应用程序或与创建的应用程序具有相同用户 ID 的应用程序访问

(续)

值	含 义
MODE_WORLD_READABLE（1）	允许其他应用程序对该 SharedPreferences 文件进行读操作
MODE_WORLD_WRITEABLE（2）	允许其他应用程序对该 SharedPreferences 文件进行写操作
MODE_MULTI_PROCESS（4）	在多进程应用程序中，当多个进程都对同一个 SharedPreferences 进行访问时，该文件的每次修改都会被重新核对

从 SharedPreferences 中读取数据的步骤如下。

（1）获得 SharedPreferences 对象。

（2）使用 SharedPreferences 对象的 getBoolean（String key，boolean defValue）或 getString（String key，String defValue）等方法获得值，如果读取失败，返回指定的默认值 defValue。

示例如下：

```
1.SharedPreferences settings = getSharedPreferences("MyPrefsFile",0);
2.boolean silent = settings.getBoolean("silentMode",false);
```

注意：使用 getSharedPreferences（String name，int mode）方法时，如果文件不存在则会创建一个。commit（）与 apply（）两个方法的区别在于：commit（）是同步的，有返回值；apply（）是异步的，无返回值。

7.2 【案例】个人健康 APP 免登录

本节通过一个案例来学习如何使用 SharedPreferences 保存和读取数据。

7.2.1 案例描述

第一次使用 APP，一般会经历引导页进入注册/登录页，输入用户名和密码后进入首页这个过程。然而如果第一次登录后，再次进入 APP，为了获得良好的用户体验，此时会从引导页直接进入首页，实现免登录。

7.2.2 案例分析

实现免登录，主要是通过判断 SharedPreferences 对象是否存在来决定使用 Intent 转向哪个页面的问题。

1．引导页

任选一图片作为背景，获取 SharedPreferences 对象，判断其是否存在用户名，如果不存在，3 秒后自动跳转到登录页；否则，3 秒后自动跳转到首页。

2. 登录页

输入用户名和密码,单击"登录"按钮,如果用户名和密码正确,获取 SharedPreferences 对象,将用户名保存,然后跳转到首页;否则,显示"登录失败"信息。

3. 首页

仅显示"欢迎你到达首页"。

7.2.3 案例实现

(1) 创建项目 HealthRecorder,包名为 net.hnjdzy.healthrecorder,ManiActivity 作为引导页。

(2) 设置引导页布局。整体设置为 FrameLayout 布局,通过 ImageView 加载背景图片,使用 TextView 显示"多一点健康关注,少一份疾病担忧。"

activity_main.xml 布局文件代码如下:

```xml
1. <?xml version="1.0" encoding="utf-8"?>
2. <FrameLayout xmlns:android="http://schemas.android.com/apk/res/android"
3.     xmlns:app="http://schemas.android.com/apk/res-auto"
4.     xmlns:tools="http://schemas.android.com/tools"
5.     android:layout_width="match_parent"
6.     android:layout_height="match_parent"
7.     >
8.     <ImageView
9.         android:id="@+id/imageView2"
10.        android:layout_width="wrap_content"
11.        android:layout_height="wrap_content"
12.        android:scaleType="fitXY"
13.        app:srcCompat="@drawable/health1" />
14.    <TextView
15.        android:id="@+id/textView"
16.        android:layout_width="wrap_content"
17.        android:layout_height="wrap_content"
18.        android:text="多一点健康关注,少一份疾病担忧。"
19.        android:layout_marginBottom="250dp"
20.        android:layout_gravity="bottom|center_horizontal"/>
21. </FrameLayout>
```

(3) 新建登录页,设置布局。在 net.hnjdzy.healthrecorder 包下新建 LoginActivity,其 activity_login.xml 布局文件代码如下:

```xml
1. <?xml version="1.0" encoding="utf-8"?>
2. <LinearLayout xmlns:android="http://schemas.android.com/apk/res/android"
3.     xmlns:app="http://schemas.android.com/apk/res-auto"
4.     xmlns:tools="http://schemas.android.com/tools"
```

```
5.      android:layout_width = "match_parent"
6.      android:layout_height = "match_parent"
7.      android:gravity = "center_horizontal"
8.      android:orientation = "vertical"
9.      tools:context = ".LoginActivity" >
10.     <LinearLayout
11.         android:layout_width = "match_parent"
12.         android:layout_height = "wrap_content"
13.         android:layout_marginLeft = "5dp"
14.         android:layout_marginRight = "5dp"
15.         android:layout_marginTop = "50dp"
16.         android:orientation = "vertical" >
17.         <TextView
18.             android:id = "@ + id/textView2"
19.             android:layout_width = "match_parent"
20.             android:layout_height = "wrap_content"
21.             android:text = "用户名:" />
22.         <EditText
23.             android:id = "@ + id/editTextName"
24.             android:layout_width = "match_parent"
25.             android:layout_height = "wrap_content"
26.             android:ems = "10"
27.             android:inputType = "textPersonName"
28.             android:text = "" />
29.         <TextView
30.             android:id = "@ + id/textViewPassword"
31.             android:layout_width = "match_parent"
32.             android:layout_height = "wrap_content"
33.             android:text = "密码:" />
34.         <EditText
35.             android:id = "@ + id/editTextPassword"
36.             android:layout_width = "match_parent"
37.             android:layout_height = "wrap_content"
38.             android:ems = "10"
39.             android:inputType = "textPassword"
40.             android:text = "" />
41.         <Button
42.             android:id = "@ + id/buttonLogin"
43.             android:layout_width = "match_parent"
44.             android:layout_height = "wrap_content"
45.             android:background = "@ drawable/login_button_shape"
46.             android:text = "登录" />
47.     </LinearLayout>
48.     <LinearLayout
49.         android:layout_width = "match_parent"
50.         android:layout_height = "wrap_content"
51.         android:orientation = "horizontal"
```

```
52.        android:layout_marginTop = "20dp"
53.        android:layout_marginRight = "5dp" >
54.        <TextView
55.            android:id = "@ + id/textView3"
56.            android:layout_height = "wrap_content"
57.            android:layout_width = "0dp"
58.            android:layout_weight = "1"
59.            android:text = "" />
60.        </LinearLayout>
61.    </LinearLayout>
```

(4) 为登录页中的"登录"按钮设置样式。在 res/drawable 文件夹下创建 login_button_shape.xml，其代码如下：

```
1. <? xml version = "1.0" encoding = "utf - 8"? >
2. <shape xmlns:android = "http://schemas.android.com/apk/res/android" >
3.    <solid Android:color = "#FF8833"/>
4.    <corners Android:radius = "5dp"/>
5. </shape>
```

(5) 新建首页，设置布局。在 net.hnjdzy.healthrecorder 包下新建 HomeActivity，其 activity_home.xml 布局文件代码如下：

```
1. <? xml version = "1.0" encoding = "utf - 8"? >
2. <LinearLayout xmlns:android = "http://schemas.android.com/apk/res/android"
3.     xmlns:app = "http://schemas.android.com/apk/res - auto"
4.     xmlns:tools = "http://schemas.android.com/tools"
5.     android:layout_width = "match_parent"
6.     android:layout_height = "match_parent"
7.     android:gravity = "center_horizontal"
8.     android:orientation = "vertical"
9.     tools:context = ".HomeActivity" >
10.        <TextView
11.            android:id = "@ + id/welcome"
12.            android:layout_width = "match_parent"
13.            android:layout_height = "wrap_content"
14.            android:text = "欢迎你到达首页"
15.            android:textSize = "36sp" />
16. </LinearLayout>
```

(6) 实现引导功能。引导页主要通过 Handler 的 postDelayed( ) 方法延时 3 秒，获得 SharedPreferences 对象，判断是否存在用户名，如果存在，3 秒后跳转到 HomeActivity；否则跳转到 LoginActivity。

LoginActivity.java 代码如下：

```
1. public class MainActivity extends AppCompatActivity {
2.     @Override
3.     protected void onCreate(Bundle savedInstanceState) {
4.         super.onCreate(savedInstanceState);
5.         setContentView(R.layout.activity_main);
6.         Handler handler = new Handler();
7.         //延时 3 秒
8.         handler.postDelayed(new Runnable() {
9.             @Override
10.            public void run() {
11.                //获得 SharedPreferences 对象
12.                SharedPreferences sp = getSharedPreferences("login",0);
13.                //判断 SharedPreferences 对象中键值为"name"的值是否为 null
14.                if(sp.getString("name",null) = = null){
15.                    //真,跳转到 LoginActivity
16.                            Intent intent = new Intent ( MainActivity.this,
                                LoginActivity.class);
17.                    startActivity(intent);
18.                    finish();
19.                }else{
20.                    //假,跳转到 HomeActivity
21.                            Intent intent = new Intent ( MainActivity.this,
                                HomeActivity.class);
22.                    startActivity(intent);
23.                    finish();
24.                }
25.            }
26.        },3000);
27.    }
28.}
```

（7）实现登录功能。输入用户名和密码,单击"登录"按钮,如果用户名和密码正确,获得 SharedPreferences 对象,将用户名保存,跳转到首页;否则,显示"登录失败"信息。正确的用户名为 tony,密码为 123。

LoginActivity.java 代码如下:

```
1. public class LoginActivity extends AppCompatActivity {
2.     EditText etName,etPassWord;
3.     Button btLogin;
4.     @Override
5.     protected void onCreate(Bundle savedInstanceState) {
6.         super.onCreate(savedInstanceState);
```

```
7.     setContentView(R.layout.activity_login);
8.     //获得组件
9.     etName = findViewById(R.id.editTextName);
10.    etPassWord = findViewById(R.id.editTextPassword);
11.    btLogin = findViewById(R.id.buttonLogin);
12.    //设置"登录"按钮监听事件
13.    btLogin.setOnClickListener(new View.OnClickListener() {
14.        @Override
15.        public void onClick(View v) {
16.            //获得用户名和密码
17.            String uname = etName.getText().toString();
18.            String pwd = etPassWord.getText().toString();
19.            //判断用户名和密码是否为"tony"和"123"
20.            if(uname.equals("tony")&&pwd.equals("123")){
21.                //获得 SharedPreferences 对象
22.                SharedPreferences sp = getSharedPreferences("login",0);
23.                //调用 SharedPreferences 对象的 edit()
24.                SharedPreferences.Editor editor = sp.edit();
25.                //使用 putString()添加用户名
26.                editor.putString("name",uname);
27.                //提交
28.                editor.apply();
29.                //跳转到 HomeActivity
30.                Intent intent = new Intent(LoginActivity.this, HomeActivity.class);
31.                startActivity(intent);
32.                finish();
33.            }else{
34.                //登录失败信息显示
35.                Toast.makeText(LoginActivity.this,"登录失败!",Toast.LENGTH_LONG).show();
36.            }
37.        }
38.    });
39.  }
40.}
```

7.3 SQLite 数据库

SQLite 是一款轻型的关系数据库，它支持事务的 ACID 原则，即原子性（atomicity）、一致性（consistency）、隔离性（isolation）、持久性（durability）。它的设计目标是以嵌入式的方式应用于各相关产品中,目前很多嵌入式产品中都使用了它。它占用资源非常少,在嵌入式设备中,可能需要几百 KB 的内存就够了。Android 在运行时集成了 SQLite,所以每个 Android 应用程序都可以使用 SQLite 数据库。SQLite 采用的是动态数据类型,会根据存入值自动判断。SQLite 具有以下 5 种常用的数据类型(见表 7-2)。

表 7-2 SQLite 数据库常用的数据类型

类 型	描 述
NULL	值是一个 NULL 值
INTEGER	值是一个带符号的整数,根据值的大小存储在 1、2、3、4、6 或 8 字节中
REAL	值是一个浮点值,存储为 8 字节的浮点数字
TEXT	值是一个文本字符串,使用数据库编码(UTF-8、UTF-16BE 或 UTF-16LE)存储
BLOB	值是一个 blob 数据,完全根据它的输入存储

7.3.1 SQLite 数据库的创建

按照项目开发流程,在代码编写前要进行数据库设计。数据库设计是指根据用户项目需求及应用环境,构造最优的数据库模式,建立数据库及其应用系统,使之能够有效地存储数据,满足各种用户的应用需求(信息要求和处理要求)。

1. 创建数据库的步骤

(1)新建类(如 DatabaseHelper)继承 SQLiteOpenHelper。

(2)实现构造方法。

```
1. public DatabaseHelper(Context context, String name, SQLiteDatabase.
   CursorFactory factory, int version) {
2.        super(context, name, factory, version);
3.    }
```

代码中 4 个参数的说明如下:context 表示上下文;name 表示数据库名;factory 表示游标;version 表示版本。

(3)实例化 SQLiteOpenHelper 类的子类 DatabaseHelper,并传入参数。

```
1. DatabaseHelper dbHelper = new DatabaseHelper(this,"account.db",null,1);
```

(4)调用 DatabaseHelper 对象的 getWriteDatabase 方法或 getReadableDatabase 方法创建/打开数据库。

➢ getWriteDatabase:创建/打开可读写数据库。

➢ getReadableDatabase:创建/打开可读数据库。

2. 创建表

重写子类 DatabaseHelper 中的 onCreate() 方法,调用 SQLiteDatabase 对象的 execSQL 方法

执行创建表的 SQL 语句。onCreate( ) 方法是在数据库第 1 次创建时调用，一般用于创建数据库表和初始化数据。

```
1. @ Override
2. public void onCreate(SQLiteDatabase db){
3.     //收入类别
4.     String sql = " CREATE TABLE accountincometype ( id integer primary key
       autoincrement,category text,icon integer)";
5.     db.execSQL(sql);
6. }
```

7.3.2　SQLite 数据库的基本操作

对数据库的操作有以下 4 种，即 CRUD。其中，C 代表添加（create），R 代表查询（retrieve），U 代表更新（update），D 代表删除（delete），每一种操作又各自对应了一种 SQL 命令。前面我们已经知道，调用 SQLiteOpenHelper 的 getReadableDatabase( ) 或 getWritableDatabase( ) 方法是可以创建/打开数据库的，不仅如此，这两个方法还都会返回一个 SQLiteDatabase 对象，借助这个对象就可以对数据进行 CRUD 操作了。SQLiteDatebase 对象的常用方法如表 7 - 3 所示。

表 7 - 3　SQLiteDatabase 对象的常用方法

方法名称	含　义
insert(String table,String nullColumnHack,ContentValues values)	插入一条记录
delete(String table,String whereClause,String[ ] whereArgs)	删除一条记录
query (boolean distinct, String table, String [ ] columns, String selection, String [ ] selectionArgs, String groupBy, String having, String orderBy, String limit, CancellationSignal cancellationSignal)	查询一条记录
update(String table,ContentValues values,String whereClause,String[ ] whereArgs)	修改记录
execSQL(String sql) 或 execSQL(String sql,Object[ ] bindArgs)	执行 insert、delete、update 和 create table 之类的 SQL 语句
rawQuery(String sql,String[ ] selectionArgs)	执行 select 语句
close( )	关闭数据库

1. 查询

（1） rawQuery( ) 方法。

rawQuery( ) 方法的第一个参数为 select 语句；第二个参数为 select 语句中占位符参数的值，如果 select 语句没有使用占位符，该参数可以设置为 null。rawQuery( ) 方法返回值是结果集游标 Cursor，用于对结果集进行随机访问，Cursor 与 JDBC 中的 ResultSet 作用很相似。使用 moveToNext( ) 方法可以将游标从当前行移动到下一行。

无占位符示例:

```
1. SQLiteDatabase db = databaseHelper.getWritableDatabase();
2. Cursor cursor = db.rawQuery("select * from student",null);
3. while (cursor.moveToNext()) {
4.     int id = cursor.getInt(0);           //获取第一列的值,第一列的索引从 0 开始
5.     String name = cursor.getString(1);//获取第二列的值
6.     int age = cursor.getInt(2);          //获取第三列的值
7.     ……
8. }
9. cursor.close();
10. db.close();
```

使用占位符示例:

```
1. Cursor cursor = db.rawQuery("select * from student where name like ? and age
   =?",  new String[]{"%张%","19"});
```

(2) query() 方法。

query() 方法的参数共有 10 个,如表 7-4 所示,其重载方法的参数个数有 7、8、9、10 这 4 种形式。

表 7-4 query() 方法参数

参数	描述
distinct	设置为 true,每一行的数据必须唯一。反之亦然
table	表名,如果是多表联合查询,可以用逗号将两个表名分开
columns	要查询出的列名,如果设置为 null,返回所有列
selection	查询条件子句,相当于 select 语句 where 关键字后面的部分,在条件子句允许使用占位符 "?"
selectionArgs	对应于 selection 语句中占位符的值,值在数组中的位置与占位符在语句中的位置必须一致
groupBy	相当于 select 语句 group by 关键字后面的部分
having	相当于 select 语句 having 关键字后面的部分
orderBy	相当于 select 语句 order by 关键字后面的部分
limit	设置 query 语句返回行的数量,相当于 SQL 语句中的 LIMIT 关键字
cancellationSignal	取消程序操作的信号,如果没有则设置为 null。如果操作取消了,query 语句运行时会抛出 OperationCanceledException 异常

7 个参数的 query 方法不包含 distinct、limit、cancellationSignal。
8 个参数的 query 方法不包含 distinct、cancellationSignal。
9 个参数的 query 方法不包含 cancellationSignal

示例如下:

```
1.SQLiteDatabase db = databaseHelper.getWritableDatabase();
2.Cursor cursor = db.query("student", new String[]{"id,name,age"}, "name like
   ?", new String[]{"%张%"}, null, null, "id desc");
3.while (cursor.moveToNext()) {
4.    int personid = cursor.getInt(0);        //获取第一列的值,第一列的索引从0开始
5.    String name = cursor.getString(1);      //获取第二列的值
6.    int age = cursor.getInt(2);             //获取第三列的值
7.}
8.cursor.close();
9.db.close();
```

2. 添加

(1) execSQL() 方法。

execSQL() 方法可执行 SQL 中的 insert 语句,示例如下:

```
1.SQLiteDatabase db = databaseHelper.getWritableDatabase();
2.db.execSQL("insert into student(name,age) values('李四',20)");
3.//或者
4.//db.execSQL("insert into student(name,age) values(?,?)",new Object[ ]{"李
   四",//20});
5.db.close();
```

(2) insert() 方法。

insert() 方法的第一个参数 table 为表名;第二个参数 columnhack 表示当 values 为空,没有数据插入时,插入 columnhack (一般为 null);第三个参数 values 是要添加的值,根据 Contentvalues 这种键值对方式,添加具体数值到相应位置。示例如下:

```
1.SQLiteDatabase db = databaseHelper.getWritableDatabase();
2.ContentValues mValues =new ContentValues();
3.mValues.put("name","李四"); //key $ value
4.mValues.put("age",20);
5.db.insert("student",null,mValues);
6.db.close();
```

3. 更新

更新数据表中的数据也有两种方法,其中 execSQL() 方法与添加的 execSQL() 方法类似。update() 方法的第一个参数 table 为表名,第二个参数 values 为修改的值,第三个参数 whereClause 为修改条件,第四个参数 whereArgs 为修改条件的值。update() 方法示例如下:

```
1.//将李四的年龄改为19
2.SQLiteDatabase db = databaseHelper.getWritableDatabase();
```

```
3. ContentValues mValues = new ContentValues();
4. mValues.put("age",19);
5. db.update("student",mValues,"name = ?",new String[]{"李四"});
6. db.close();
```

4. 删除

删除数据表中的数据也有两种方法，其中，execSQL( ) 方法与添加的 execSQL( ) 方法类似。delete( ) 方法的第一个参数 table 为表名，第二个参数 whereClause 为删除条件，第三个参数 whereArgs 为删除条件的值。delete( ) 方法示例如下：

```
1. //删除李四的记录
2. SQLiteDatabase db = databaseHelper.getWritableDatabase();
3. db.delete("student","name = ?",new String[]{"李四"});
4. db.close();
```

7.3.3 SQLite 数据库中的事务

1. 事务概述

事务是用户定义的一系列数据操作，这些操作是一个完整的不可分的工作单元。一个事务要么全部执行，要么全部不执行。例如，银行的转账操作，张三向李四转账 1000 元，该事务包含以下两个操作。

（1）张三账户上扣除 1000 元。

（2）李四账户上增加 1000 元。

这两个操作就构成一个事务操作。两个操作要么全部执行，要么全部不执行。只执行任意一个，都会导致账户金额的混乱。

2. 事务的属性

> 原子性（atomicity）：确保工作单元内的所有操作都成功完成，否则，事务会在出现故障时终止，之前的操作也会回滚到以前的状态。
> 一致性（consistency）：确保数据库在成果提交的事务上正确地改变状态。
> 隔离性（isolation）：使事务操作相互独立和透明。
> 持久性（durability）：确保已提交事务的结果或效果在系统发生故障的情况下仍存在。

3. 事务控制

（1）调用 SQLiteDatabase 的 beginTransaction( ) 方法开启一个事务。

（2）setTransactionSuccessful( ) 方法设置事务的标志为成功。

（3）endTransaction( ) 方法会检查事务的标志，如果为成功则提交事务，否则回滚事务。

4. 事务示例

```
1. SQLiteDatabase db = databaseHelper.getWritableDatabase();
2. db.beginTransaction();//开始事务
```

```
3. try{
4. //批量处理操作(执行系列的 SQL 语句)
5. db.execSQL(" insert into person(name, age) values(?,?)", new Object[]{"
   gaolei",22});
6. db.execSQL(" update person set name =? where personid =?", new Object[]{"
   zhangsan",1});
7. db.setTransactionSuccessful();
   //调用此方法会在执行到 endTransaction()时提交当前事务,如果不调用此方法则会回滚事务
8. }finally{
9.   db.endTransaction();//由事务的标志决定是提交事务,还是回滚事务
10. }
11. db.close();
```

7.4 【案例】 简易购物车的 CRUD

本节通过一个案例介绍 SQLite 数据库的 CRUD 操作。

7.4.1 案例描述

在电子商务迅速发展的时代,许多商家开辟了网上业务,而购物车的设计也成了网上购物的亮点。购物车是网上商店中的一种快捷购物工具,类似超市购物时使用的推车或篮子,可以暂时把挑选的商品放入购物车、删除或更改购买数量,并对多个商品进行一次结款。

7.4.2 案例分析

本案例模拟购物车的功能,主界面通过 ListView 显示商品信息(商品名,数量),如图 7-1 所示;通过 FloatingActionButton 悬浮按钮来实现添加功能,如图 7-2 所示;单击 ListView 中的元素实现修改功能,长按 ListView 中的元素实现删除功能,如图 7-3 所示。

图 7-1 购物车主界面　　图 7-2 添加界面　　图 7-3 修改界面

7.4.3 案例实现

(1) 数据库设计：数据库名为 buycart.db，表名为 cart；表结构如表 7-5 所示。

表 7-5 购物车表（cart）的表结构

字段名	字段说明	字段类型	允许为空	备注
id	编号	int	否	主键自增
name	商品名	text	否	
number	数量	int	否	

(2) 新建购物车项目 shoppingcart，因为要使用 FloatingActionButton，所以我们选择 Basic Activity 模板，Activity 名为 MainActivity，包名为 net.hnjdzy.shoppingcart。

(3) activity_main.xml 布局，注意将 app：srcCompat = " @ Android：drawable/ic_dialog_email" 中的 ic_dialog_email 改为 ic_input_add。

```
1.  <?xml version = "1.0" encoding = "utf-8"?>
2.  <android.support.design.widget.CoordinatorLayout xmlns:android = "http://schemas.android.com/apk/res/android"
3.      xmlns:app = "http://schemas.android.com/apk/res-auto"
4.      xmlns:tools = "http://schemas.android.com/tools"
5.      android:layout_width = "match_parent"
6.      android:layout_height = "match_parent"
7.      tools:context = ".MainActivity" >
8.      <android.support.design.widget.AppBarLayout
9.          android:layout_width = "match_parent"
10.         android:layout_height = "wrap_content"
11.         android:theme = "@ style/AppTheme.AppBarOverlay" >
12.         <android.support.v7.widget.Toolbar
13.             android:id = "@ +id/toolbar"
14.             android:layout_width = "match_parent"
15.             android:layout_height = "? attr/actionBarSize"
16.             android:background = "? attr/colorPrimary"
17.             app:popupTheme = "@ style/AppTheme.PopupOverlay" />
18.     </android.support.design.widget.AppBarLayout>
19.     <include layout = "@ layout/content_main" />
20.     <android.support.design.widget.FloatingActionButton
21.         android:id = "@ +id/fab"
22.         android:layout_width = "wrap_content"
23.         android:layout_height = "wrap_content"
24.         android:layout_gravity = "bottom|end"
25.         android:layout_margin = "@ dimen/fab_margin"
26.         app:srcCompat = "@ android:drawable/ic_input_add" />
27. </android.support.design.widget.CoordinatorLayout>
```

(4) content_main.xml 布局修改,将 TextView 换成 ListView。

```xml
1. <?xml version="1.0" encoding="utf-8"?>
2. <android.support.constraint.ConstraintLayout xmlns:android="http://schemas.android.com/apk/res/android"
3.     xmlns:app="http://schemas.android.com/apk/res-auto"
4.     xmlns:tools="http://schemas.android.com/tools"
5.     android:layout_width="match_parent"
6.     android:layout_height="match_parent"
7.     app:layout_behavior="@string/appbar_scrolling_view_behavior"
8.     tools:context=".MainActivity"
9.     tools:showIn="@layout/activity_main">
10.    <ListView
11.        android:id="@+id/listCart"
12.        android:layout_width="match_parent"
13.        android:layout_height="match_parent" />
14. </android.support.constraint.ConstraintLayout>
```

(5) 新建包 net.hnjdzy.shoppingcart.activity,在该包下新建 AddActivity,activity_add.xml 布局如下:

```xml
1. <?xml version="1.0" encoding="utf-8"?>
2. <LinearLayout xmlns:android="http://schemas.android.com/apk/res/android"
3.     xmlns:app="http://schemas.android.com/apk/res-auto"
4.     xmlns:tools="http://schemas.android.com/tools"
5.     android:layout_width="match_parent"
6.     android:layout_height="match_parent"
7.     android:orientation="vertical"
8.     tools:context=".activity.AddActivity">
9.     <LinearLayout
10.        android:layout_width="match_parent"
11.        android:layout_height="wrap_content"
12.        android:orientation="horizontal">
13.        <TextView
14.            android:id="@+id/tvName"
15.            android:layout_width="wrap_content"
16.            android:layout_height="wrap_content"
17.            android:text="商  品  名" />
18.        <EditText
19.            android:id="@+id/etName"
20.            android:layout_width="wrap_content"
21.            android:layout_height="wrap_content"
22.            android:layout_weight="1"
23.            android:ems="10"
24.            android:inputType="textPersonName" />
```

```
25.    </LinearLayout>
26.    <LinearLayout
27.        android:layout_width = "match_parent"
28.        android:layout_height = "wrap_content"
29.        android:orientation = "horizontal" >
30.        <TextView
31.            android:id = "@+id/numbertv"
32.            android:layout_width = "wrap_content"
33.            android:layout_height = "wrap_content"
34.            android:text = "数    量" />
35.        <EditText
36.            android:id = "@+id/etNum"
37.            android:layout_width = "wrap_content"
38.            android:layout_height = "wrap_content"
39.            android:layout_weight = "1"
40.            android:ems = "10"
41.            android:inputType = "textPersonName" />
42.    </LinearLayout>
43.    <LinearLayout
44.        android:layout_width = "match_parent"
45.        android:layout_height = "match_parent"
46.        android:orientation = "horizontal" >
47.        <Button
48.            android:id = "@+id/btnAdd"
49.            android:layout_width = "wrap_content"
50.            android:layout_height = "wrap_content"
51.            android:layout_weight = "1"
52.            android:text = "添加" />
53.        <Button
54.            android:id = "@+id/btnReset"
55.            android:layout_width = "wrap_content"
56.            android:layout_height = "wrap_content"
57.            android:layout_weight = "1"
58.            android:text = "重置" />
59.    </LinearLayout>
60. </LinearLayout>
```

（6）在 net.hnjdzy.shoppingcart 包下新建 EditActivity，activity_edit.xml 布局如下：

```
1. <?xml version = "1.0" encoding = "utf-8"? >
2. <LinearLayout xmlns:android = "http://schemas.android.com/apk/res/android"
3.     xmlns:app = "http://schemas.android.com/apk/res-auto"
4.     xmlns:tools = "http://schemas.android.com/tools"
5.     android:layout_width = "match_parent"
```

```xml
6.      android:layout_height = "match_parent"
7.      android:orientation = "vertical"
8.      tools:context = ".activity.EditActivity" >
9.          <LinearLayout
10.             android:layout_width = "match_parent"
11.             android:layout_height = "wrap_content"
12.             android:orientation = "horizontal" >
13.             <TextView
14.                 android:id = "@ + id/tvName"
15.                 android:layout_width = "wrap_content"
16.                 android:layout_height = "wrap_content"
17.                 android:text = "商  品  名" />
18.             <EditText
19.                 android:id = "@ + id/etName"
20.                 android:layout_width = "wrap_content"
21.                 android:layout_height = "wrap_content"
22.                 android:layout_weight = "1"
23.                 android:ems = "10"
24.         </LinearLayout>
25.         <LinearLayout
26.             android:layout_width = "match_parent"
27.             android:layout_height = "wrap_content"
28.             android:orientation = "horizontal" >
39.             <TextView
30.                 android:id = "@ + id/number"
31.                 android:layout_width = "wrap_content"
32.                 android:layout_height = "wrap_content"
33.                 android:text = "数     量" />
34.             <EditText
35.                 android:id = "@ + id/etNum"
36.                 android:layout_width = "wrap_content"
37.                 android:layout_height = "wrap_content"
38.                 android:layout_weight = "1"
39.                 android:ems = "10"
40.         </LinearLayout>
41.         <LinearLayout
42.             android:layout_width = "match_parent"
43.             android:layout_height = "match_parent"
44.             android:orientation = "horizontal" >
45.             <Button
46.                 android:id = "@ + id/btnEdit"
47.                 android:layout_width = "wrap_content"
48.                 android:layout_height = "wrap_content"
49.                 android:layout_weight = "1"
50.                 android:text = "修改" />
```

```
51.        <Button
52.            android:id = "@ +id/btnReset"
53.            android:layout_width = "wrap_content"
54.            android:layout_height = "wrap_content"
55.            android:layout_weight = "1"
56.            android:text = "重置" />
57.    </LinearLayout>
58. </LinearLayout>
```

（7）因为 MainActivity 中有 ListView，所以还需要设计各元素的布局，新建 listview_item.xml，布局如下：

```
1. <?xml version = "1.0" encoding = "utf-8"?>
2. <LinearLayout xmlns:android = "http://schemas.android.com/apk/res/android"
3.     android:layout_width = "match_parent"
4.     android:layout_height = "match_parent" >
5.     <LinearLayout
6.         android:layout_width = "match_parent"
7.         android:layout_height = "wrap_content"
8.         android:layout_marginLeft = "20dp"
9.         android:orientation = "horizontal" >
10.        <TextView
11.            android:id = "@ +id/tvName"
12.            android:layout_width = "137dp"
13.            android:layout_height = "wrap_content"
14.            android:layout_marginTop = "10dp"
15.            android:text = "电视机"
16.            android:textSize = "20dp" />
17.        <TextView
18.            android:id = "@ +id/tvNumber"
19.            android:layout_width = "137dp"
20.            android:layout_height = "wrap_content"
21.            android:layout_marginTop = "10dp"
22.            android:text = "1"
23.            android:textSize = "20dp" />
24.    </LinearLayout>
25. </LinearLayout>
```

（8）创建数据库、数据库表及初始化数据。在 net.hnjdzy.shoppingcart 包下创建包 db，在 db 包下新建 DatabaseHelper 类继承 SQLiteOpenHelper 类。代码如下：

```
1.  package net.hnjdzy.shoppingcart.db;
2.  import android.content.Context;
3.  import android.database.sqlite.SQLiteDatabase;
4.  import android.database.sqlite.SQLiteOpenHelper;
5.  public class DatabaseHelper extends SQLiteOpenHelper {
6.      private static final String DATABASE_NAME = "buycart.db";
7.      private static final int DATABASE_VERSION = 1;
8.      public DatabaseHelper(Context context) {
9.          //建库
10.         super(context, DATABASE_NAME, null, DATABASE_VERSION);
11.     }
12.     @Override
13.     public void onCreate(SQLiteDatabase db) {
14.         //建表
15.         //购物车表
16.         String sql = "create table cart(id integer primary key autoincrement, name text,number integer)";
17.         db.execSQL(sql);
18.         //初始化的数据
19.         initData(db);
20.     }
21.     private void initData(SQLiteDatabase db) {
22.         String sql = String.format("insert into cart(name,number) values('电视机',1)");
23.         db.execSQL(sql);
24.         sql = String.format("insert into cart(name,number) values('口罩',100)");
25.         db.execSQL(sql);
26.         sql = String.format("insert into cart(name,number) values('手套',10)");
27.         db.execSQL(sql);
28.         sql = String.format("insert into cart(name,number) values('洗衣粉',2)");
29.         db.execSQL(sql);
30.         sql = String.format("insert into cart(name,number) values('男式长裤',1)");
31.         db.execSQL(sql);
32.     }
33.     @Override
34.     public void onUpgrade(SQLiteDatabase db, int oldVersion, int newVersion) {
35.     }
36. }
```

（9）在 net.hnjdzy.shoppingcart 包下新建 entity 包，在该包下新建 Cart 实体类。

```
1. package net.hnjdzy.shoppingcart.entity;
2. public class Cart {
3.     int id;
4.     String name;
5.     int number;
6.     public int getId() {
7.         return id;
8.     }
9.     public void setId(int id) {
10.        this.id = id;
11.    }
12.    public String getName() {
13.        return name;
14.    }
15.    public void setName(String name) {
16.        this.name = name;
17.    }
18.    public int getNumber() {
19.        return number;
20.    }
21.    public void setNumber(int number) {
22.        this.number = number;
23.    }
24. }
```

（10）在 db 包下新建数据库访问类 CartDao。

对数据库表中的数据进行增、删、改、查等方法一般放在数据库访问类中。仔细分析本案例，需要以下方法。

①主界面 ListView 需要显示全部数据，定义为

```
public List <Cart> getAllCart(){ }
```

②单击 FloatingActionButton 悬浮按钮需要添加数据，定义为

```
public void addCart(String name,int number){ }
```

③单击 ListView 元素可修改数据，需要根据元素 id 获得 Cart 对象，然后对该对象数据进行修改，所以应有两个方法，定义为

```
public Cart getCartById(int id){ }
public void editCart(Cart t){ }
```

④长按 ListView 元素可删除数据，定义为

```
public void deleteCart(int id){ }
```

CartDao 代码如下：

```java
1. package net.hnjdzy.shoppingcart.db;
2. import android.content.Context;
3. import android.database.Cursor;
4. import android.database.sqlite.SQLiteDatabase;
5. import net.hnjdzy.shoppingcart.entity.Cart;
6. import java.util.ArrayList;
7. import java.util.List;
8. public class CartDao{
9.     private DatabaseHelper helper;
10.    private SQLiteDatabase db;
11.    public CartDao(Context context){
12.        helper = new DatabaseHelper(context);
13.        db = helper.getWritableDatabase();
14.    }
15.    //获取全部数据
16.    public List<Cart> getAllCart(){
17.        ArrayList<Cart> result = new ArrayList<Cart>();
18.        String sql = "select id,name,number from cart";
19.        Cursor cursor = db.rawQuery(sql,null);
20.        while(cursor.moveToNext()){
21.            int id = cursor.getInt(cursor.getColumnIndex("id"));
22.            String name = cursor.getString(cursor.getColumnIndex("name"));
23.            int number = cursor.getInt(cursor.getColumnIndex("number"));
24.            Cart c =new Cart();
25.            c.setId(id);
26.            c.setName(name);
27.            c.setNumber(number);
28.            result.add(c);
29.        }
30.        cursor.close();
31.        return result;
32.    }
33.    //添加数据
34.    public void addCart(String name,int number) {
35.        db.beginTransaction();
36.        try{
37.            db.execSQL("insert into cart(id,name,number) VALUES(null,?,?)",
38.                new Object[]{name,number});
39.            db.setTransactionSuccessful();
40.        }finally{
41.            db.endTransaction();
42.        }
43.    }
```

```
44.    //根据 id 得到 Cart
45.    public Cart getCartById(int id)
46.    {
47.        Cart t = new Cart();
48.        String sql = "select id,name,number from cart where id = " + id;
49.        Cursor cursor = db.rawQuery(sql, null);
50.        while (cursor.moveToNext()){
51.            String name = cursor.getString(cursor.getColumnIndex("name"));
52.            String num = cursor.getString(cursor.getColumnIndex("number"));
53.            t.setId(id);
54.            t.setName(name);
55.            t.setNumber(Integer.parseInt(num));
56.        }
57.        cursor.close();
58.        return t;
59.    }
60.    //修改 Cart
61.    public void editCart(Cart t)
62.    {
63.        db.beginTransaction();
64.        try{
65.            db.execSQL("update cart set name = ?,number = ? where id = " + t.getId
               (),
66.                    new Object[]{t.getName(),t.getNumber()});
67.            db.setTransactionSuccessful();
68.        }finally{
69.            db.endTransaction();
70.        }
71.    }
72.    //删除 Cart
73.    public void deleteCart(int id){
74.        String sql = "delete from cart where id = " + id;
75.        db.beginTransaction();
76.        try{
77.            db.execSQL(sql);
78.            db.setTransactionSuccessful();
79.        }finally{
80.            db.endTransaction();
81.        }
82.    }
83.}
```

(11) ListView 显示数据需要适配器，在 net. hnjdzy. shoppingcart 包下新建 adapter 包，在该包下新建 MyAdapter 类继承 BaseAdapter 类，代码如下：

```java
1. package net.hnjdzy.shoppingcart.adapter;
2. import android.app.Activity;
3. import android.graphics.Color;
4. import android.view.LayoutInflater;
5. import android.view.View;
6. import android.view.ViewGroup;
7. import android.widget.BaseAdapter;
8. import android.widget.TextView;
9. import net.hnjdzy.shoppingcart.R;
10. import net.hnjdzy.shoppingcart.entity.Cart;
11. import java.util.List;
12. public class MyAdapter extends BaseAdapter {
13.     private List<Cart> mItems;
14.     private LayoutInflater mInflater;
15.     //构造方法
16.     public MyAdapter(List<Cart> items, Activity context){
17.         this.mItems = items;
18.         mInflater = LayoutInflater.from(context);
19.     }
20.     @Override
21.     public int getCount() {
22.         return mItems.size();
23.     }
24.     @Override
25.     public Object getItem(int position) {
26.         return this.mItems.get(position);
27.     }
28.     @Override
29.     public long getItemId(int position) {
30.         return this.mItems.get(position).getId();
31.     }
32.     @Override
33.     public View getView(int position, View convertView, ViewGroup parent) {
34.         View view = this.mInflater.inflate(R.layout.listview_item, null);
35.         TextView tvName = view.findViewById(R.id.tvName);
36.         TextView tvNum = view.findViewById(R.id.tvNumber);
37.         //把数据设置到对应的组件
38.         Cart item = this.mItems.get(position);
39.         tvName.setText(item.getName());
40.         tvNum.setText(String.valueOf(item.getNumber()));
41.         //隔行显示不同的颜色
42.         if(position%2==0)
43.         {
44.             view.setBackgroundColor(Color.argb(250,255,255,255));
45.         }
46.         return view;
47.     }
48. }
```

（12）MainActivity 功能实现。

①数据的显示，添加、修改、删除操作完成后都会返回主界面，所以主界面显示的数据会不断刷新，此功能我们单独定义一个方法，便于反复调用。定义如下：

```
private void refreshData(){}
```

在此方法中完成全部数据的查询，给 ListView 配备适配器，设置 ListView 的单击和长按监听事件。

②ListView 元素的单击事件跳转到 EditActivity；长按事件通过对话框实现删除。

③修改 FloatingActionButton 悬浮按钮的监听事件，跳转到 AddActivity。

```
1. package net.hnjdzy.shoppingcart;
2. import android.content.DialogInterface;
3. import android.content.Intent;
4. import android.os.Bundle;
5. import android.support.design.widget.FloatingActionButton;
6. import android.support.v7.app.AlertDialog;
7. import android.support.v7.app.AppCompatActivity;
8. import android.support.v7.widget.Toolbar;
9. import android.view.View;
10. import android.view.Menu;
11. import android.view.MenuItem;
12. import android.widget.AdapterView;
13. import android.widget.ListView;
14. import net.hnjdzy.shoppingcart.activity.AddActivity;
15. import net.hnjdzy.shoppingcart.activity.EditActivity;
16. import net.hnjdzy.shoppingcart.adapter.MyAdapter;
17. import net.hnjdzy.shoppingcart.db.CartDao;
18. import net.hnjdzy.shoppingcart.entity.Cart;
19. import java.util.List;
20. public class MainActivity extends AppCompatActivity {
21.    @Override
22.    protected void onCreate(Bundle savedInstanceState) {
23.        super.onCreate(savedInstanceState);
24.        setContentView(R.layout.activity_main);
25.        Toolbar toolbar = findViewById(R.id.toolbar);
26.        setSupportActionBar(toolbar);
27.        //刷新数据
28.        refreshData();
29.        //+号悬浮按钮及单击监听事件
30.        FloatingActionButton fab = findViewById(R.id.fab);
31.        fab.setOnClickListener(new View.OnClickListener() {
32.            @Override
33.            public void onClick(View view) {
```

```
34.                    //从 MainActivity 跳转到 AddActivity
35.                    Intent intent = new Intent(MainActivity.this, AddActivity.
                       class);
36.                    MainActivity.this.startActivity(intent);
37.                    MainActivity.this.finish();
38.                }
39.            });
40.     }
41.     private void refreshData() {
42.         CartDao dbManager = new CartDao(this);
43.         List<Cart> list = dbManager.getAllCart();
44.         MyAdapter adapter = new MyAdapter(list,this);
45.         ListView listView = findViewById(R.id.listCart);
46.         listView.setAdapter(adapter);
47.         //ListView 的单击事件
48.         listView.setOnItemClickListener(new AdapterView.OnItemClickLis-
                tener() {
49.                @Override
50.                public void onItemClick(AdapterView<?> parent, View view, int
                   position, long id) {
51.                    editCart((int)id);
52.                }
53.            });
54.         //ListView 的长按事件
55.         listView.setOnItemLongClickListener(new AdapterView.OnItemLong-
                ClickListener() {
56.                @Override
57.                public boolean onItemLongClick(AdapterView<?> parent, View
                   view, int position, long id) {
58.                    deleteCart((int)id);
59.                    return true;
60.                }
61.            });
62.     }
63.     public void editCart (int id)
64.     {
65.         Intent intent = new Intent(MainActivity.this, EditActivity.class);
66.         intent.putExtra("id",id);
67.         MainActivity.this.startActivity(intent);
68.         MainActivity.this.finish();
69.     }
70.     protected void deleteCart(final int id) {
71.         AlertDialog.Builder builder = new AlertDialog.Builder(this);
72.         builder.setTitle("询问");
73.         builder.setMessage("确定要删除吗");
```

```
74.            builder.setPositiveButton("确认", new DialogInterface.OnClickListener() {
75.                @Override
76.                public void onClick(DialogInterface dialog, int which) {
77.                    CartDao dbManager = new CartDao (MainActivity.this);
78.                    dbManager.deleteCart(id);
79.                    refreshData();
80.                }
81.            });
82.            builder.setNegativeButton("放弃", new DialogInterface.OnClickListener() {
83.                @Override
84.                public void onClick(DialogInterface dialog, int which) {
   dialog.cancel();
85.                }
86.            });
87.            builder.show();
88.        }
89.        @Override
90.        public boolean onCreateOptionsMenu(Menu menu) {
91.            //Inflate the menu; this adds items to the action bar if it is present.
92.            getMenuInflater().inflate(R.menu.menu_main, menu);
93.            return true;
94.        }
95.        @Override
96.        public boolean onOptionsItemSelected(MenuItem item) {
97.            //Handle action bar item clicks here. The action bar will
               //automatically handle clicks on the Home/Up button, so long
98.            //as you specify a parent activity in AndroidManifest.xml.
99.            int id = item.getItemId();
100.           //noinspection SimplifiableIfStatement
101.           if (id == R.id.action_settings) {
102.               return true;
103.           }
104.           return super.onOptionsItemSelected(item);
105.        }
106.}
```

（13）AddActivity 功能实现。

AddActivity 实现商品名和数量的输入，在添加按钮的监听事件中获取商品名和数量，调用 CartDao 中的 addCart 方法实现数据的添加然后返回主界面，在重置按钮的监听事件中实现商品名和数量文本框的清空。

```
1.    package net.hnjdzy.shoppingcart.activity;
2.    import android.content.Intent;
3.    import android.support.v7.app.AppCompatActivity;
```

```java
4.   import android.os.Bundle;
5.   import android.view.View;
6.   import android.widget.Button;
7.   import android.widget.EditText;
8.   import net.hnjdzy.shoppingcart.MainActivity;
9.   import net.hnjdzy.shoppingcart.R;
10.  import net.hnjdzy.shoppingcart.db.CartDao;
11.  public class AddActivity extends AppCompatActivity {
12.      private Button btnAdd;
13.      private Button btnReset;
14.      private EditText etName;
15.      private EditText etNum;
16.      @Override
17.      protected void onCreate(Bundle savedInstanceState) {
18.          super.onCreate(savedInstanceState);
19.          setContentView(R.layout.activity_add);
20.          btnAdd = (Button)findViewById(R.id.btnAdd);
21.          btnReset = (Button)findViewById(R.id.btnReset);
22.          etName = (EditText)findViewById(R.id.etName);
23.          etNum = (EditText)findViewById(R.id.etNum);
24.          btnAdd.setOnClickListener(new View.OnClickListener() {
25.              @Override
26.              public void onClick(View view) {
27.                  addCart();
28.              }
29.          });
30.          btnReset.setOnClickListener(new View.OnClickListener() {
31.              @Override
32.              public void onClick(View view) {
33.                  reset();
34.              }
35.          });
36.      }
37.      public void addCart()
38.      {
39.          String name = etName.getText().toString().trim();
40.          String num = etNum.getText().toString().trim();
41.          CartDao dao = new CartDao(this);
42.          dao.addCart(name,Integer.parseInt(num));
43.          Intent intent = new Intent(AddActivity.this, MainActivity.class);
44.          AddActivity.this.startActivity(intent);
45.          this.finish();
46.      }
47.      public void reset()
48.      {
49.          etName.setText("");
```

```
50.        etNum.setText("");
51.    }
52.}
```

(14) EditActivity 功能实现。

EditActivity 实现商品名或数量的修改,在修改按钮的监听事件中获取商品名和数量,调用 CartDao 中的 editCart 方法实现数据的修改然后返回主界面,在重置按钮的监听事件中实现商品名和数量文本框的清空。

```
1. package net.hnjdzy.shoppingcart.activity;
2. import android.content.Intent;
3. import android.support.v7.app.AppCompatActivity;
4. import android.os.Bundle;
5. import android.util.Log;
6. import android.view.View;
7. import android.widget.Button;
8. import android.widget.EditText;
9. import net.hnjdzy.shoppingcart.MainActivity;
10. import net.hnjdzy.shoppingcart.R;
11. import net.hnjdzy.shoppingcart.db.CartDao;
12. import net.hnjdzy.shoppingcart.entity.Cart;
13. public class EditActivity extends AppCompatActivity {
14.     private Button btnEdit;
15.     private Button btnReset;
16.     private EditText etName;
17.     private EditText etNum;
18.     private int id;
19.     @Override
20.     protected void onCreate(Bundle savedInstanceState) {
21.         super.onCreate(savedInstanceState);
22.         setContentView(R.layout.activity_edit);
23.         btnEdit = findViewById(R.id.btnEdit);
24.         btnReset = findViewById(R.id.btnReset);
25.         etName = findViewById(R.id.etName);
26.         etNum = findViewById(R.id.etNum);
27.         id = this.getIntent().getIntExtra("id",0);
28.         initData(id);
29.         btnEdit.setOnClickListener(new View.OnClickListener() {
30.             @Override
31.             public void onClick(View view) {
32.                 editCart();
33.             }
34.         });
35.         btnReset.setOnClickListener(new View.OnClickListener() {
36.             @Override
```

```java
37.            public void onClick(View view) {
38.                reset();
39.            }
40.        });
41.    }
42.    private void initData(int id) {
43.        CartDao dao = new CartDao(this);
44.        Cart c = dao.getCartById(id);
45.        etName.setText(c.getName());
46.        etNum.setText(String.valueOf(c.getNumber()));
47.    }
48.    public void editCart()
49.    {
50.        String name = etName.getText().toString().trim();
51.        String num = etNum.getText().toString().trim();
52.        Cart t = new Cart();
53.        t.setId(id);
54.        t.setName(name);
55.        t.setNumber(Integer.parseInt(num));
56.        CartDao dao = new CartDao(this);
57.        dao.editCart(t);
58.        Intent intent = new Intent(EditActivity.this, MainActivity.class);
59.        EditActivity.this.startActivity(intent);
60.        this.finish();
61.    }
62.    public void reset()
63.    {
64.        etName.setText("");
65.        etNum.setText("");
66.    }
67.}
```

7.5 数据访问层（DAO）

持久化是将程序中的数据在瞬时状态和持久状态之间进行转换的机制，如将大脑中所思考的事情记录到本子上，这个过程就是持久化。

➢ 持久化的实现方式如下：数据库、普通文件、XML 文件。
➢ 持久化的主要操作：读取、保存、删除、修改、查找。

DAO（data access object，数据访问对象）的主要功能就是用于进行数据操作，在程序的标准开发架构中属于数据访问层的操作。它位于业务逻辑和持久化数据之间，实现对持久化数据的访问。

1. DAO 模式的作用

➢ 隔离业务逻辑代码和数据访问代码。

➢ 隔离不同数据库的实现。

2. DAO 模式的组成

➢ DAO 接口。

➢ DAO 实现类。

➢ 实体类。

在记账本 APP 中，我们定义 Dao 类封装了数据库操作方法，如图 7－4 所示。

```java
public class AccountDao {
    private DatabaseHelper helper;
    private SQLiteDatabase db;
    public AccountDao(Context context) {...}
    //添加收入类型
    public void addIncomeCategory(String category, int icon) {...}
    //添加支出类型
    public void addOutlayCategory(String category, int icon) {...}
    //添加收入
    public void addIncome(AccountItem item) {...}
    //添加支出
    public void addOutlay(AccountItem item) {...}
    //收入类型
    public List<AccountCategory> getIncomeType() {...}
    //支出类型
    public List<AccountCategory> getOutlayType() {...}
    //收入类型
    public List<AccountItem> getIncomeList() {...}
    //支出类型
    public List<AccountItem> getOutlayList() {...}
    //查询收入
    public List<AccountItem> queryIncomeList(String beginDate, String endDate) {...}
```

图 7－4　Dao 类示意图

7.6　单元测试

单元测试，是指对软件中的最小可测试单元进行检查和验证，可以在正式集成测试前进行基础代码的验证，保证代码的质量。

Android 中的单元测试基于 JUnit，可分为本地测试和 instrumented 测试。本地测试运行在开发机器上，不需要 Android 环境，一般测试纯 Java 类的代码。Instrumented 测试用到 Android 的框架，如 Context，需要在模拟器或手机上运行。具体操作见微视频。

7.7　Application

Application 和 Activity、Service 一样，是 Android 框架的一个系统组件，当 Android 程序启动时系统会创建一个 Application 对象，用来存储系统的一些信息。通常我们是不需要指定一个 Application 的，这时系统会自动创建，如果需要创建自己的 Application，也很简单，创建一个类继承 Application 并在 manifest 的 Application 标签中进行注册（只需要给 Application 标签增加个 name 属性把自己的 Application 的名称输入即可）。

Android 系统会在每个程序运行时创建一个 Application 类的对象且仅创建一个，所以 Application 可以说是单例模式的一个类，且 Application 对象的生命周期是整个程序中最长的，它的生命周期就等于这个程序的生命周期。因为它是全局的、单例的，所以在不同的 Activity、Service 中获得的对象都是同一个对象。可通过 Application 来进行一些数据传递、数据共享、数据缓存等操作。

在记账本 APP 中我们创建了一个 AccountApplication 类继承父类 Application。

```
1. public class AccountApplication extends Application{
2.     //定义一个属性 AccountDao
3.     private AccountDao mDatabaseManager;
4.     @Override
5.     public void onCreate(){
6.         super.onCreate();
7.     //创建 AccountDao 对象,整个 App 只是在这里创建一个 AccountDao 对象
8.         mDatabaseManager = new AccountDao(this);
9.     }
10.    //获得 AccountDao 对象
11.    public AccountDao getDatabaseManager(){
12.        return mDatabaseManager;
13.    }
14. }
```

在 AndroidManifest.xml 文件中增加 AccountApplication。

```
1. <application
2.         android:name = "AccountApplication"
3.         android:allowBackup = "true"
4.         ……
5. /application>
```

7.8 【项目实战】

7.8.1 完成注册数据存储

1. 开发任务单

任务概况	任务描述	注册数据存储		
	参与人员			
	所属产品	记账本 APP	开始时间	
	所属模块	用户管理	结束时间	
	任务类型	编码	预计工时	30 分钟
	任务编号	DEV-07-001	实际工时	

（续）

任务要求	(1) 实现昵称与密码数据的获取功能。 (2) 实现昵称不为空、密码不为空、两次密码不一致的验证。 (3) 完成"注册"按钮的监听事件。 (4) 使用 SharedPreferences 保存数据	用户故事/界面原型	
验收标准	(1) 满足用户需求，功能达标。 (2) 结构清晰，阅读性好。 (3) 代码编写规范，无 bug		

2. 开发任务解析

注册界面主要完成昵称、两次密码数据的输入，设置"注册"按钮监听事件实现输入数据获取，实现昵称不为空、密码不为空和两次密码不一致的验证，使用 SharedPreferences 保存昵称和密码数据。

3. 开发过程

（1）获取按钮控件，设置监听事件，调用 register() 方法。
（2）在 register() 方法中实现昵称和两次密码数据的获取。
（3）在 register() 方法中实现昵称、密码不为空，两次密码不一致的验证。
（4）在 register() 方法中使用 SharedPreferences 实现昵称和密码数据的保存。

```java
1. package net.hnjdzy.tinyaccount.activity;
2. import android.content.Context;
3. import android.content.SharedPreferences;
4. import android.support.v7.app.AppCompatActivity;
5. import android.os.Bundle;
6. import android.view.View;
7. import android.widget.Button;
8. import android.widget.EditText;
9. import android.widget.Toast;
10. import net.hnjdzy.tinyaccount.R;
11. /**
12.  * 注册
13.  * @author Androiddev@163.com,hnjdzy
14.  */
15. public class RegisterActivity extends AppCompatActivity {
16.     @Override
17.     protected void onCreate(Bundle savedInstanceState) {
```

```java
18.        super.onCreate(savedInstanceState);
19.        setContentView(R.layout.activity_register);
20.        Button buttonRegister = (Button)this.findViewById(R.id.buttonRegister);
21.        buttonRegister.setOnClickListener(new View.OnClickListener() {
22.            @Override
23.            public void onClick(View view) {
24.                register();
25.            }
26.        });
27.    }
28.    private void register() {
29.        EditText editTextName = (EditText)this.findViewById(R.id.editTextName);
30.        EditText editTextPassword = (EditText)this.findViewById(R.id.editTextPassword);
31.        EditText editTextPassword2 = (EditText)this.findViewById(R.id.editTextPassword2);
32.        EditText editTextPrompt = (EditText)this.findViewById(R.id.editTextPrompt);
33.        String name = editTextName.getText().toString();
34.        if (name.length() < 1){
35.            Toast.makeText(this,"昵称不能为空.",Toast.LENGTH_LONG).show();
36.            return;
37.        }
38.        String pwd = editTextPassword.getText().toString();
39.        String pwd2 = editTextPassword2.getText().toString();
40.        if (pwd.length() < 1){
41.            Toast.makeText(this,"密码不能为空.",Toast.LENGTH_LONG).show();
42.            return;
43.        }
44.        if (!pwd.equals(pwd2)){
45.            Toast.makeText(this,"两次密码不相同.",Toast.LENGTH_LONG).show();
46.            return;
47.        }
48.        String prompt = editTextPrompt.getText().toString();
49.        SharedPreferences sp = this.getSharedPreferences("tinyaccount", Context.MODE_PRIVATE);
50.        SharedPreferences.Editor editor = sp.edit();
51.        editor.putString("name",name);
52.        editor.putString("password",pwd);
53.        editor.putString("prompt",prompt);
54.        editor.apply();
55.        finish();
56.    }
57.
58.}
```

7.8.2 完成登录数据读取

1. 开发任务单

任务概况	任务描述	登录数据读取		
	参与人员			
	所属产品	记账本 APP	开始时间	
	所属模块	用户管理	结束时间	
	任务类型	编码	预计工时	30 分钟
	任务编号	DEV-07-002	实际工时	
任务要求	（1）使用 SharedPreferences 读取数据，让有账号的用户登录时不需要再次输入昵称。 （2）实现"登录"按钮的监听事件，完成昵称与密码的判断，用户存在则跳转到主界面，否则，弹出提示信息。 （3）完成注册链接的跳转	用户故事/界面原型		
验收标准	（1）满足用户需求，功能达标。 （2）结构清晰，阅读性好。 （3）代码编写规范，无 bug			

2. 开发任务解析

登录界面输入用户昵称和密码，单击"登录"按钮跳转到概要页面，单击注册链接跳转到注册页面。

3. 开发过程

（1）获取 SharedPreferences 对象，显示在登录界面用户昵称上。

（2）设置"登录"按钮的监听事件，获取昵称和密码，判断是否存在，如果存在则跳转到 MainActiivty，否则，弹出"登录失败!"的信息。

（3）设置注册链接监听事件，实现从登录界面跳转到注册界面。

```
1. package net.hnjdzy.tinyaccount.activity;
2. import android.app.AlertDialog;
3. import android.content.Context;
4. import android.content.DialogInterface;
5. import android.content.Intent;
6. import android.content.SharedPreferences;
7. import android.os.Bundle;
8. import android.support.v7.app.AppCompatActivity;
```

```java
9.  import android.util.Log;
10. import android.view.View;
11. import android.view.View.OnClickListener;
12. import android.widget.Button;
13. import android.widget.EditText;
14. import android.widget.TextView;
15. import android.widget.Toast;
16. import net.hnjdzy.tinyaccount.MainActivity;
17. import net.hnjdzy.tinyaccount.R;
18. /**
19.  *登录
20.  * @author Androiddev@163.com,hnjdzy
21.  */
22. public class LoginActivity extends AppCompatActivity {
23.     Button btnLogin;
24.     EditText editTextName,editTextPwd;
25.     TextView textViewRegister;
26.     @Override
27.     protected void onCreate(Bundle savedInstanceState) {
28.         super.onCreate(savedInstanceState);
29.         setContentView(R.layout.activity_login);
30.         btnLogin =(Button)this.findViewById(R.id.buttonLogin);
31.         editTextName =(EditText)this.findViewById(R.id.editTextName);
32.         editTextPwd =(EditText)this.findViewById(R.id.editTextPassword);
33.         textViewRegister =(TextView)this.findViewById(R.id.textViewRegister);
34.         SharedPreferences sp = this.getSharedPreferences("tinyaccount",
            Context.MODE_PRIVATE);
35.         String name = sp.getString("name",null);
36.         editTextName.setText(name);
37.         btnLogin.setOnClickListener(new View.OnClickListener() {
38.             @Override
39.             public void onClick(View view) {
40.                 login();
41.             }
42.         });
43.         textViewRegister.setOnClickListener(new View.OnClickListener() {
44.             @Override
45.             public void onClick(View view) {
46.                 register();
47.             }
48.         });
```

```
49.     }
50.     private void register()
51.     {
52.         Intent intent = new Intent();
53.         intent.setClass(this,RegisterActivity.class);
54.         startActivity(intent);
55.     }
56.     private void login()
57.     {
58.         String name = editTextName.getText().toString();
59.         String pwd = editTextPwd.getText().toString();
60.         if(name.equals("admin") && pwd.equals("admin"))
61.         {
62.             Intent intent = new Intent(this, MainActivity.class);
63.             startActivity(intent);
64.         }
65.         else
66.         {
67.             Toast.makeText(this,"登录失败!",Toast.LENGTH_LONG).show();
68.         }
69.     }
70. }
```

7.8.3 创建 SQLite 数据库、表

1. 开发任务单

任务概况	任务描述	创建 SQLite 数据库、表		
	参与人员			
	所属产品	记账本 APP	开始时间	
	所属模块	数据库设计	结束时间	
	任务类型	编码	预计工时	1 小时
	任务编号	DEV-07-003	实际工时	
任务要求	（1）创建 SQLiteOpenHelper 的子类。 （2）在子类的 onCreate( ) 方法中执行 create table 创建表，插入 sql 语句初始化数据。 （3）在 MainActivity 中调用 getWrite-Database( ) 方法创建/打开数据库	用户故事/界面原型	前面的数据都是测试数据，从本节开始，数据源改为数据库，现在我们要开始创建数据库及表了	
验收标准	（1）满足用户需求，功能达标。 （2）结构清晰，阅读性好。 （3）代码编写规范，无 bug			

2. 开发任务解析

创建数据库主要分为两步，第一步是创建 SQLiteOpenhelper 子类 DatabaseHelper，设置构造方法，理解上下文、数据库名、游标工厂和版本号，重写 onCreate( ) 方法创建表；第二步是通过 getWriteDatabase( ) 方法创建/打开数据库。

3. 开发过程

（1）新建 db 包，在包下新建 DatabaseHelper 类继承 SQLiteOpenHelper 类，重写方法，设置构造方法。

（2）在 MainActivity 的 onCreate( ) 方法中创建 DatabaseHelper 对象，调用 DatabaseHelper 对象的 getWriteDatabase( ) 方法创建/打开数据库。

创建 DatabaseHelper 类的代码如下：

```java
1. package net.hnjdzy.tinyaccount.db;
2. import android.content.Context;
3. import android.database.sqlite.SQLiteDatabase;
4. import android.database.sqlite.SQLiteOpenHelper;
5. import net.hnjdzy.tinyaccount.R;
6. import java.text.SimpleDateFormat;
7. import java.util.Date;
8. public class DatabaseHelper extends SQLiteOpenHelper {
9.     private static final String DATABASE_NAME = "account.db";
10.    private static final int DATABASE_VERSION = 1;
11.    public DatabaseHelper(Context context) {
12.        //创建数据库
13.        super(context, DATABASE_NAME, null, DATABASE_VERSION);
14.    }
15.    @Override
16.    public void onCreate(SQLiteDatabase db) {
17.        //创建表
18.        //收入类别
19.        String sql = "CREATE TABLE accountincometype(id integer primary key autoincrement,category text,icon integer)";
20.        db.execSQL(sql);
21.        //收入明细表(id,类别,金额,备注,日期时间)
22.        sql = "CREATE TABLE accountincome(id integer primary key autoincrement,category text," +
23.                "money double,remark text,date text)";
24.        db.execSQL(sql);
25.        //支出类别
26.        sql = " CREATE TABLE accountoutlaytype ( id integer primary key autoincrement,category text,icon integer)";
27.        db.execSQL(sql);
28.        //支出明细表(id,类别,金额,备注,日期时间)
29.        sql = "CREATE TABLE accountoutlay(id integer primary key autoincrement,category text," +
```

```
30.              "money double,remark text,date text)";
31.         db.execSQL(sql);
32.         //初始化的数据
33.         initData(db);
34.     }
35.     //自动增长的列表,不需要给值;某个字段不想给值,不出现在表名后的列表中
36.     private void initData(SQLiteDatabase db) {
37.         //收入类别
38.         String sql = String.format("insert into accountincometype(category,
            icon) values('工资',%d)", R.drawable.fund_icon);
39.         db.execSQL(sql);
40.          sql = String.format("insert into accountincometype(category,icon)
            values('奖金',%d)", R.drawable.insurance_icon);
41.         db.execSQL(sql);
42.          sql = String.format("insert into accountincometype(category,icon)
            values('兼职收入',%d)", R.drawable.baby_icon);
43.         db.execSQL(sql);
44.         //支出类别
45.          sql = String.format("insert into accountoutlaytype(category,icon)
            values('交通',%d)", R.drawable.traffic_icon);
46.         db.execSQL(sql);
47.          sql = String.format("insert into accountoutlaytype(category,icon)
            values('食物',%d)", R.drawable.breakfast_icon);
48.         db.execSQL(sql);
49.          sql = String.format("insert into accountoutlaytype(category,icon)
            values('图书',%d)", R.drawable.book_icon);
50.         db.execSQL(sql);
51.          sql = String.format("insert into accountoutlaytype(category,icon)
            values('电影',%d)", R.drawable.film_icon);
52.         db.execSQL(sql);
53.          sql = String.format("insert into accountoutlaytype(category,icon)
            values('房租',%d)", R.drawable.housing_loan_icon);
54.         db.execSQL(sql);
55.          sql = String.format("insert into accountoutlaytype(category,icon)
            values('运动',%d)", R.drawable.sport_icon);
56.         db.execSQL(sql);
57.         SimpleDateFormat sdf = new SimpleDateFormat("yyyy-MM-dd");
58.         String currentDate = sdf.format(new Date());
59.         //收入明细
60.          sql = "insert into accountincome(category,money,date) values('工资',
            10000,'"+currentDate+"')";
61.         db.execSQL(sql);
62.         sql = "insert into accountincome(category,money,date) values('奖金',1000,
            '"+currentDate+"')";
63.         db.execSQL(sql);
64.         //支出明细
```

```
65.        sql = "insert into accountoutlay(category,money,date) values('交通',100,
            '" + currentDate + "')";
66.        db.execSQL(sql);
67.        sql = "insert into accountoutlay(category,money,date) values('食物',200,
            '" + currentDate + "')";
68.        db.execSQL(sql);
69.        sql = "insert into accountoutlay(category,money,date) values('图书',150,
            '" + currentDate + "')";
70.        db.execSQL(sql);
71.        sql = "insert into accountoutlay(category,money,date) values('电影',100,
            '" + currentDate + "')";
72.        db.execSQL(sql);
73.    }
74.    @Override
75.    public void onUpgrade(SQLiteDatabase arg0, int arg1, int arg2) {
        //TODO Auto-generated method stub
76.    }
77.}
```

在 MainActivity 的 onCreate() 方法中添加如下代码：

```
1.DatabaseHelper helper = new DatabaseHelper(this);
2.SQLiteDatabase db = helper.getWriteDatabase();
```

7.8.4 完成收入明细查询及显示功能

1. 开发任务单

任务概况	任务描述	实现收入明细查询及显示功能		
	参与人员			
	所属产品	记账本 APP	开始时间	
	所属模块	收入管理	结束时间	
	任务类型	编码	预计工时	1.5 小时
	任务编号	DEV-07-004	实际工时	
任务要求	(1) 创建数据访问类。 (2) 在 Dao 类中定义 getIncomeList() 方法实现查询收入明细。 (3) 在 IncomeFragment 的 refreshData() 方法中改为调用 Dao 类中的方法获取真实数据		用户故事/ 界面原型	使用数据访问类查询收入明细并在 IncomeFragment 中显示
验收标准	(1) 满足用户需求，功能达标。 (2) 结构清晰，阅读性好。 (3) 代码编写规范，无 bug			

2. 开发任务解析

创建数据库及表后，每个表都初始化了数据。我们需要调用 Dao 中的自定义方法来获取收入明细并在收入界面上显示。

3. 开发过程

（1）在 db 包下创建 AccountDao 类，声明 DatabaseHelper 和 SQLiteDatabase 类型的两个变量，创建以上下文为参数的构造方法。

```
1. /*
2.  *数据访问类
3.  */
4. public class AccountDao {
5.     private DatabaseHelper helper;
6.     private SQLiteDatabase db;
7.     public AccountDao(Context context) {
8.         helper = new DatabaseHelper(context);
9.         db = helper.getWritableDatabase();
10.    }
11.}
```

（2）在 AccoutDao 中定义 getIncomeList( ) 方法，返回 AccountItem 对象列表。

```
1. /*
2.  *数据访问类
3.  */
4. public class AccountDao {
5.     private DatabaseHelper helper;
6.     private SQLiteDatabase db;
7.     public AccountDao(Context context) {
8.         helper = new DatabaseHelper(context);
9.         db = helper.getWritableDatabase();
10.    }
11.    //获取收入明细
12.    public List<AccountItem> getIncomeList(){
13.    ArrayList<AccountItem> result = new ArrayList<AccountItem>();
14.        Cursor cursor = db.query("AccountIncome", null, null, null, null,
           null, null);
15.    while (cursor.moveToNext()){
16.        AccountItem item = new AccountItem();
17.        item.setId(cursor.getInt(cursor.getColumnIndex("id")));
18.        item.setCategory(cursor.getString(cursor.getColumnIndex("category")));
19.        item.setMoney(cursor.getDouble(cursor.getColumnIndex("money")));
20.        item.setDate(cursor.getString(cursor.getColumnIndex("date")));
21.        item.setRemark(cursor.getString(cursor.getColumnIndex("remark")));
22.        result.add(item);
23.    }
```

```
24.         cursor.close();
25.         return result;
26.     }
27. }
```

（3）在 IncomeFragment 的 refreshData（）方法中注释掉 List < AccountItem > incomeAccountList = getTestData（）;，其中 getTestData（）方法可获取测试数据。修改为实例化 AccountDao，调用 getIncomeList（）方法获取收入明细。

```
1. private void refreshData() {
2.      AccountDao  dbManager = new AccountDao(getContext());
3.      //List<AccountItem> incomeAccountList = getTestData();
4.      List<AccountItem> incomeAccountList = dbManager.getIncomeList();
5.      AccountItemAdapter adapter = new AccountItemAdapter(incomeAccountList, getActivity());
6.      ListView listView = (ListView) mRootView.findViewById(R.id.listView1);
7.      listView.setAdapter(adapter);
8.      TextView textViewIncomeSummary = (TextView) mRootView.findViewById(R.id.textViewIncomeSummary);
9.      textViewIncomeSummary.setText("10000");
10.  }
```

7.8.5 完成收入增加功能

1. 开发任务单

任务概况	任务描述	实现收入增加功能		
	参与人员			
	所属产品	记账本 APP	开始时间	
	所属模块	收入管理	结束时间	
	任务类型	编码	预计工时	1 小时
	任务编号	DEV-07-005	实际工时	
任务要求	（1）在 AccountDao 类中定义 addIncome（）方法，使用事务实现收入添加功能。 （2）修改 AccountEditActivity 中的 buttonOkOnClick（）方法，让输入的收入数据真正写入数据库表	用户故事/界面原型	使用数据访问类添加收入数据到数据库表并在 IncomeFragment 中显示	
验收标准	（1）满足用户需求，功能达标。 （2）结构清晰，阅读性好。 （3）代码编写规范，无 bug			

2. 开发任务解析

实现收入数据写入数据库表的功能，在 AccountDao 类中创建 addIncome（）方法（），参数为 AccountEditActivity 中接收的数据。

3. 开发过程

（1）在 AccountDao 类中创建 addIncome（）方法。

```
1. /*
2.  *数据访问类
3.  */
4. public class AccountDao {
5.     private DatabaseHelper helper;
6.     private SQLiteDatabase db;
7.     public AccountDao(Context context) {
8.      helper = new DatabaseHelper(context);
9.      db = helper.getWritableDatabase();
10.    }
11.    //获得收入明细的方法
12.    public List <AccountItem> getIncomeList(){
13.        ArrayList <AccountItem> result = new ArrayList <AccountItem>();
14.        Cursor cursor = db.query("AccountIncome", null, null, null, null, null, null);
15.        while (cursor.moveToNext()){
16.            AccountItem item = new AccountItem();
17.            item.setId(cursor.getInt(cursor.getColumnIndex("id")));
18.            item.setCategory(cursor.getString(cursor.getColumnIndex("category")));
19.            item.setMoney(cursor.getDouble(cursor.getColumnIndex("money")));
20.            item.setDate(cursor.getString(cursor.getColumnIndex("date")));
21.            item.setRemark(cursor.getString(cursor.getColumnIndex("remark")));
22.            result.add(item);
23.        }
24.        cursor.close();
25.        return result;
26.    }
27.    //使用事务添加收入数据的方法
28.    public void addIncome(AccountItem item) {
29.        db.beginTransaction();
30.        try {
31.            db.execSQL( "INSERT INTO AccountIncome(id,category,money,date,remark) VALUES(null,?,?,?,?)",
32.                    new Object [] {item.getCategory(), item.getMoney(),
                            item.getDate(),item.getRemark()});
33.            db.setTransactionSuccessful();
34.        } finally {
```

```
35.            db.endTransaction();
36.        }
37.    }
38.}
```

（2）修改 AccountEditActivity 中的 buttonOkOnClick（）方法，实现调用 AccountDao 的 addIncome（）方法。

```
1. protected void buttonOkOnClick() {
2.     AccountItem item = new AccountItem();
3.     item.setCategory(textViewSelectedType.getText().toString());
4.     item.setRemark(editTextRemark.getText().toString());
5.     item.setMoney(Double.parseDouble(editTextMoney.getText().toString()));
6.     SimpleDateFormat sdf = new SimpleDateFormat("yyyy-MM-dd HH:mm:ss");
7.     item.setDate(sdf.format(new Date()));
8.     //修改部分
9.     AccountDao dbManager = new AccountDao(this);
10.    if(isIncome){
11.        dbManager.addIncome(item);
12.    }
13.    else{
14.        dbManager.addOutlay(item);
15.    }
16. //如果 IncomeFragment 使用的是 startActivity(intent),跳转到 Account-
17. //EditActivity,否则 this.setResult()改为 Intent 跳转
18.    this.setResult(1);
19.    this.finish();
20. }
```

7.8.6 完成收入删除功能

1. 开发任务单

任务概况	任务描述	实现收入删除功能		
	参与人员			
	所属产品	记账本 APP	开始时间	
	所属模块	收入管理	结束时间	
	任务类型	编码	预计工时	1.5 小时
	任务编号	DEV-07-006	实际工时	

（续）

任务要求	（1）使用 Application 定义全局 AccountDao。 （2）实现 AccountDao 中的 deleteIncome() 方法。 （3）在 IncomeFragment 中通过 Ac-countApplication 获取 Account-Dao 对象	用户故事/界面原型	通过 AccountApplication 获取 AccountDao，调用 deleteIncome() 方法实现收入删除功能
验收标准	（1）满足用户需求，功能达标。 （2）结构清晰，阅读性好。 （3）代码编写规范，无 bug		

2. 开发任务解析

实现收入数据的删除功能，实现从 AccountApplication 获取 AccountDao() 的方法。

3. 开发过程

（1）在 net.hnjdzy.tinyaccount 包下新建 AccountApplication 类继承 Application 类，重写 onCreate() 方法，定义获取 AccountDao 对象的方法。

AccountApplication.java：

```java
1. package net.hnjdzy.tinyaccount;
2. import android.app.Application;
3. import net.hnjdzy.tinyaccount.db.AccountDao;
4. public class AccountApplication extends Application {
5.     private AccountDao mDatabaseManager;
6.     @Override
7.     public void onCreate() {
8.         super.onCreate();
9.         mDatabaseManager = new AccountDao(this);
10.    }
11.    public AccountDao getmDatabaseManager() {
12.        return mDatabaseManager;
13.    }
14. }
```

（2）在 AndroidManifest.xml 中注册 AccountApplication。

```xml
1. <application
2.     android:name=".AccountApplication"
3.     android:allowBackup="true"
4.     android:icon="@mipmap/ic_launcher"
5.     android:label="@string/app_name"
6.     ……
7. </application>
```

（3）在 AccountDao 类中定义 deleteIncome() 方法。

```
1.//删除收入
2.public void deleteIncome(long id) {
3.   String sql = "delete from AccountIncome where id = " + id;
4.   db.beginTransaction();
5.   try {
6.     db.execSQL(sql);
7.     db.setTransactionSuccessful();
8.   } finally {
9.     db.endTransaction();
10.  }
11.}
```

（4）修改 IncomeFragment 中的 refreshData() 方法，注释掉实例化 AccountDao 对象的语句 AccountDao dbManager =new AccountDao (getContext());，修改为从新建的 AccountApplication 中获取。

```
1.private void refreshData() {
2.     //修改部分
3.     AccountApplication  app = (AccountApplication)this.getActivity()
       .getApplication();
4.     AccountDao dbManager = app.getmDatabaseManager();
5.     //AccountDao  dbManager = new AccountDao(getContext());实例化AccountDao
6.     //List<AccountItem> incomeAccountList = getTestData();获取测试数据
7.     List<AccountItem>  incomeAccountList = dbManager.getIncomeList();
8.   AccountItemAdapter adapter = new AccountItemAdapter(incomeAccountList,
     getActivity());
9.   ListView listView = (ListView) mRootView.findViewById(R.id.listView1);
10.    listView.setAdapter(adapter);
11.   TextView textViewIncomeSummary = (TextView) mRootView.findViewById
     (R.id.textViewIncomeSummary);
12.    textViewIncomeSummary.setText("10000");
13.}
```

7.8.7　完成收入类别添加功能

1. 开发任务单

任务概况	任务描述	实现收入类别添加功能		
	参与人员			
	所属产品	记账本 APP	开始时间	
	所属模块	类别管理	结束时间	
	任务类型	编码	预计工时	1.5 小时
	任务编号	DEV-07-007	实际工时	

任务要求	（1）实现 AccountDao 中的 addIncomeCategory( )方法。 （2）AccountDao 对象从 AccountApplication 中获取。 （3）收入类别输入界面采取 AlertDialog 对话框的形式。 （4）实现 IncomeFragment 中添加收入类别按钮完成添加功能	用户故事/ 界面原型	使用 AlertDialog 对话框为收入类别输入界面，调用 Dao 中的方法实现添加收入类别功能
验收标准	（1）满足用户需求，功能达标。 （2）结构清晰，阅读性好。 （3）代码编写规范，无 bug		

2. 开发任务解析

调用 AccountDao 中的 addIncomeCategory( ) 方法实现收入类别的添加功能。

3. 开发过程

（1）在 AccountDao 中定义 addIncomeCategory( ) 方法。

```
1. //添加收入类型
2. public void addIncomeCategory(String category,int icon) {
3.     db.beginTransaction();
4.     try {
5.         db.execSQL("INSERT INTO AccountIncomeType(id,category,icon) VALUES(null,?,?)",
6.                 new Object[]{category,icon});
7.         db.setTransactionSuccessful();
8.     } finally {
9.         db.endTransaction();
10.    }
11.}
```

（2）修改 SettingActivity 的 refreshData( ) 方法。

```
1. private void refreshData() {
2.     //修改部分,从 AccountApplication 中获取 AccountDao 对象
3.     AccountApplication app = (AccountApplication)this.getApplication();
4.     AccountDao dbManager = app.getmDatabaseManager();
5.     //AccountDao dbManager = new AccountDao(this);
6.     //显示到界面
7.     GridView gridView = (GridView)this.findViewById(R.id.gridView1);
8.     //Adapter
9. //List<AccountCategory> incomeCategoryList = getTestDataIncome();
10.    List<AccountCategory> incomeCategoryList = dbManager.getIncomeType();
11.    List<Map<String,Object>> incomeList = new ArrayList<>();
12.    for (AccountCategory c: incomeCategoryList){
```

```java
13.        Map<String, Object> map = new HashMap<String, Object>();
14.        map.put("icon", c.getIcon());
15.        map.put("title", c.getCategory());
16.        incomeList.add(map);
17.    }
18.    SimpleAdapter adapter = new SimpleAdapter(this, incomeList,
19.            R.layout.category_item, mFrom, mTo);
20.    gridView.setAdapter(adapter);
21.    //显示到界面
22.    GridView gridView2 = (GridView)this.findViewById(R.id.gridView2);
23.    //Adapter
24.    //List<AccountCategory> outlayCategoryList = getTestDataOutlay();
25.    List<AccountCategory> outlayCategoryList = dbManager.getOutlayType();
26.    List<Map<String, Object>> outlayList = new ArrayList<>();
27.    for (AccountCategory c: outlayCategoryList){
28.        Map<String, Object> map = new HashMap<String, Object>();
29.        map.put("icon", c.getIcon());
30.        map.put("title", c.getCategory());
31.        outlayList.add(map);
32.    }
33.    SimpleAdapter adapter2 = new SimpleAdapter(this, outlayList,
34.            R.layout.category_item, mFrom, mTo);
35.    gridView2.setAdapter(adapter2);
36.}
```

（3）修改 SettingActivity 中的 initView() 方法为添加收入类别按钮添加监听事件。

```java
1.private void initView() {
2.    //buttonAddIncomeCategory 在前面声明
3.    buttonAddIncomeCategory = (Button)this.findViewById(R.id.buttonAddIncomeCategory);
4.    buttonAddIncomeCategory.setOnClickListener(new View.OnClickListener() {
5.      @Override
6.      public void onClick(View v) {
7.          buttonAddIncomeCategoryOnClick();
8.      }
9.    });
10.    refreshData();
11.}
```

（4）定义 initView() 方法中的 buttonAddIncomeCategoryOnClick() 方法，构建确认对话框作为收入类别文本框。

```
1. private void buttonAddIncomeCategoryOnClick(){
2.      AlertDialog.Builder builder = new AlertDialog.Builder(this);
3.      builder.setTitle(R.string.input_category);
4.      final EditText input = new EditText(this);
5.      builder.setView(input);
6.
7.      builder.setPositiveButton("确认", new DialogInterface.OnClickListener() {
8.          @Override
9.        public void onClick(DialogInterface dialog, int which) {
10.              String category = input.getText().toString();
11.              addIncomeCategory(category,R.drawable.home_icon);
12.              refreshData();
13.          }
14.      });
15.     builder.setNegativeButton("放弃", new DialogInterface.OnClickListener() {
16.          @Override
17.        public void onClick(DialogInterface dialog, int which) {
18.              dialog.cancel();
19.          }
20.      });
21.      builder.show();
22.  }
```

（5）定义对话框中的 addIncomeCategory( ) 方法。

```
1. protected void addIncomeCategory(String category,int icon) {
2.      //一个类可共用一个 AccountApplication 对象,此处不做修改
3.      AccountApplication app = (AccountApplication)this.getApplication();
4.      AccountDao dbManager = app.getmDatabaseManager();
5.      //AccountDao dbManager = new AccountDao(this);
6.      dbManager.addIncomeCategory(category,icon);
7. }
```

7.8.8 挑战任务

1. 一星挑战任务：完成支出数据显示功能

任务概况	任务描述	实现支出数据显示功能		
	参与人员			
	所属产品	记账本 APP	开始时间	
	所属模块	支出管理	结束时间	
	任务类型	编码	预计工时	1 小时
	任务编号	DEV-07-008	实际工时	

（续）

任务要求	（1）在 Dao 类中定义 getOutlayList（）方法实现查询支出明细。 （2）在 OutlayFragment 中调用 Dao 类中的方法获取数据库中的数据。 （3）在支出界面显示数据	用户故事/界面原型	在 OutlayFragment 中显示支出明细
验收标准	（1）满足用户需求，功能达标。 （2）结构清晰，阅读性好。 （3）代码编写规范，无 bug		

2. 二星挑战任务：完成添加支出数据功能

	任务描述	实现添加支出数据功能		
任务概况	参与人员			
	所属产品	记账本 APP	开始时间	
	所属模块	支出管理	结束时间	
	任务类型	编码	预计工时	1.5 小时
	任务编号	DEV-07-009	实际工时	
任务要求	（1）在 Dao 类中定义 addOutlay（）方法实现查询支出明细。 （2）单击"添加"按钮跳转到增加支出界面的 Activity。 （3）在支出界面的 Activity 中调用 Dao 类中的方法添加支出数据。 （4）返回支出界面显示数据	用户故事/界面原型	实现支出数据的添加功能	
验收标准	（1）满足用户需求，功能达标。 （2）结构清晰，阅读性好。 （3）代码编写规范，无 bug			

3. 三星挑战任务：完成添加支出类别功能

	任务描述	实现添加支出类别功能		
任务概况	参与人员			
	所属产品	记账本 APP	开始时间	
	所属模块	类别管理	结束时间	
	任务类型	编码	预计工时	2 小时
	任务编号	DEV-07-010	实际工时	

（续）

任务要求	（1）在 AccountDao 中定义 addOutlayCategory（）方法。 （2）添加界面使用对话框。 （3）完整实现支出类别添加功能	用户故事/ 界面原型	使用 AlertDialog 对话框为支出类别输入界面，调用 Dao 中的方法实现添加支出类别功能
验收标准	（1）满足用户需求。 （2）结构清晰，用户体验好。 （3）有一定的视觉美感		

本章小结

本章主要介绍了 Android 数据存储中的两种方式；讲解了 SharedPreferences 读取数据的方法；讲解了在 SQLite 数据库中创建数据库、表的方法，以及数据库的 CRUD（增、删、改、查）。

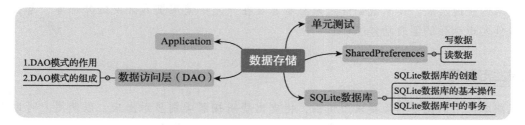

第8章　使用第三方库

小猿做介绍

软件开发是非常复杂的工作，我们不能一切从头开始构建，而应该站在"巨人"的肩膀上，利用别人的已有成果，快速实现具有独特价值的软件。计算机、互联网是最富于共享精神的地方，许多开发者将自己的软件作品放到互联网上，开放源代码给其他人使用，推动着信息技术的快速发展。本章我们一起来看看怎么在开发中使用别人开发的外部库，怎么利用开源组件实现酷炫的图表功能吧！

小猿发布任务

记账本应用的概要界面要求用饼图，将支出费用按照类别显示出来，以使用户可以直观地看出每类支出的占比。请使用图表组件实现支出的分类汇总统计。

小猿做培训

软件开发的金科玉律：不要重复发明轮子

"Don't Reinvent the Wheel.""不要重复发明轮子"是西方的一句谚语。

重复发明轮子是指重新创造一个已有的或是已被其他人优化的设计。轮子由人类所发明，在各方面都带来许多便利，轮子已被发明，而且在使用上没有什么缺陷，重新再发明一次轮子是没有意义的，只是浪费时间，分散研究者的资源，使其无法投入更有意义及价值的目标。

在计算机领域，我们将封装好的组件和库称为轮子。因为它可以拿来直接使用，直接使用到我们的项目中，就能利用其实现对应的功能。这个世界上聪明的程序员有很多，他们遇到的问题已经够多了，而解决方案层出不穷。你走过的路、跳下的坑，已经有无数的先驱在你之前走过、跳过。

在做技术选择时，很多时候不需要自己从头去实现一个东西，可以优先在已有的代码库中找到现成的类库，来满足自己的需求。

8.1 Gradle 和依赖管理

8.1.1 Gradle

1. Gradle 的概念

Gradle 是基于 Groovy 语言（Groovy 语言是一种基于 JVM 的敏捷开发语言，可以简单地理解为 Java 语言的弱类型版本）的，基于 Ant 和 Maven 概念的项目自动化建构工具。Android Studio 就是采用 Gradle 来构建项目的。

Gradle 在功能上是一个自动化构建工具，是 Android Studio 的一个负责构建项目的插件。Gradle 通过组织一系列任务（task）来完成自动化构建。任务是 Gradle 中最重要的概念，以生成一个可用的 APK 为例，整个过程要经过资源的处理、javac 编译、dex 打包、APK 打包、签名等步骤，每个步骤就对应到 Gradle 中的一个任务。Gradle 可以类比为一条流水线，任务可以比作流水线上的机器人，每个机器人负责不同的事情，最终生成完整的构建产物。

2. Android Studio 中的 Gradle 配置文件

在 Android Studio 中把 Project 视图切换到 Android 模式，可以看到 Gradle 相关的配置文件，如图 8-1 所示。

当用 Android Studio 创建一个新项目时，会默认生成 3 个 Gradle 文件。其中的两个文件：settings.gradle 和 build.gradle 位于项目的根目录；另外一个 build.gradle 文件位于应用模块内，如图 8-2 所示。

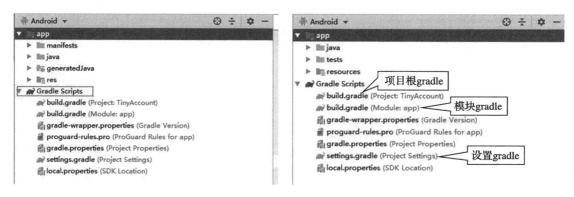

图 8-1 Android 模式的 Project 视图　　图 8-2 项目中的 gradle 文件

1) settings.gradle 文件。该文件定义了项目构建中包括了哪些模块。一般的单模块项目，该文件中只有一句代码，说明该项目由一个 APP 模块组成：

```
include:"app"
```

2) 项目根 build gradle 文件。项目中与所有模块相关的配置被定义在根 build.gradle 文件中，它典型的配置如下：

```
1.buildscript {
2.    repositories {
3.        jcenter()
4.    }
5.    dependencies {
6.        classpath 'com.Android.tools.build:gradle:3.4.1'
7.    }
8.}
9.allprojects{
10.    repositories{
11.        jcenter()
12.    }
13.}
```

buildscript 定义了 Android 编译工具的类路径。在 repositories 中，jcenter 是一个著名的 Maven 仓库。

allprojects 定义的属性会被应用到所有模块中，但是为了保证每个项目的独立性，我们一般不会在这里面操作太多共有的东西。

3）模块 build.gradle 文件。该文件针对每个模块进行配置，如果这里定义的选项和根 build.gradle 定义的相同，后者会被覆盖。典型的配置内容如下：

```
1.apply plugin:'com.Android.application'
2.Android {
3.    compileSdkVersion 28
4.    defaultConfig {
5.        applicationId "net.hnjdzy.tinyaccount"
6.        minSdkVersion 21
7.        targetSdkVersion 28
8.        versionCode 1
9.        versionName "1.0"
10.        testInstrumentationRunner "
11.android.support.test.runner.AndroidJUnitRunner"
12.    }
13.    buildTypes {
14.        release {
15.            minifyEnabled false
16.            proguardFiles getDefaultProguardFile('proguard-Android.txt'),'
                proguard-
17.rules.pro'
18.        }
19.    }
20.}
21.dependencies {
22.implementation fileTree(dir:'libs', include:['*.jar'])
```

```
23.     implementation 'com.android.support:appcompat-v7:28.0.0'
24.     implementation 'com.android.support:support-v4:28.0.0'
25.     implementation 'com.android.support:design:28.0.0'
26.     implementation 'com.android.support.constraint:constraint-layout:1.1.3'
27.     testImplementation 'junit:junit:4.12'
28.     androidTestImplementation 'com.Android.support.test:runner:1.0.2'
29.     androidTestImplementation 'com.Android.support.test.espresso:espresso-core:3.0.2'
30. }
```

apply plugin：第一行代码应用了 Android 程序的 Gradle 插件，作为 Android 的应用程序，这一步是必需的，因为 plugin 中提供了 Android 编译、测试、打包等所有任务。

Android：这是编译文件中最大的代码块，关于 Android 的所有特殊配置都在这里。

defaultConfig：是程序的默认配置，如果在 AndroidMainfest.xml 中定义了与这里相同的属性，会以这里的为主。这里最有必要说明的是 applicationId 的选项，在曾经定义的 AndroidManifest.xml 中，那里定义的包名有两个用途：一个是作为程序的唯一识别 ID，防止在同一手机装两个一样的程序；另一个就是作为 R 资源类的包名。在以前修改这个 ID 会导致所有引用 R 资源类的地方都要修改，但是现在如果修改 applicationId 只会修改当前程序的 ID，而不会去修改源码中资源文件的引用。

buildTypes：定义了编译类型，针对每个类型可以有不同的编译配置，不同的编译配置对应的有不同的编译命令。默认的有 debug、release 类型。

dependencies：是属于 Gradle 的依赖配置，它定义了当前项目需要依赖的其他库，下面会详细说明。

3. Gradle 视图

Android Studio 中提供了 Gradle 视图用来查看和执行 Gradle 中定义的任务。Gradle 视图如图 8-3 所示。

可以在 Gradle 视图中双击任务节点或通过右键菜单来执行任务，右键菜单如图 8-4 所示。例如，想要执行安装调试任务的话，可以双击图 8-3 中的"installDebug"节点。

 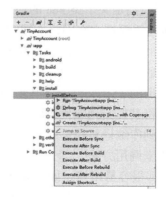

图 8-3　Gradle 视图　　　图 8-4　Gradle 视图的右键菜单

4. 用命令执行 Gradle 任务

Gradle 的任务也可以通过命令行来执行，可以在 Terminal 视图中用 Gradlew 执行 Gradle 任务，如图 8-5 所示，输入 gradlew -v 命令可以查询 Gradle 的版本信息。

图 8-5 在 Terminal 视图执行 gradle 命令

常用的 gradle 命令如下：./gradlew clean 清除 app 目录下的 build 文件夹；./gradlew build 检查依赖并编译打包；./gradlew assembleDebug，编译并打 Debug 包，./gradlew assembleRelease，编译并打 Release 包。

8.1.2 依赖管理

Gradle 简化了依赖管理，它使在多个项目之间重用代码变得很简单，而且与平台无关。当项目的复杂度增加时，通常需要将其分为多个部分，这在 Android 中被称为"库"。这些库可以在不同的 Gradle 项目中独立开发或在 Android Studio 的多模块项目中集中开发。由于 Android Studio 将模块视作 Gradle 项目，因此这种界限变得比较模糊，而这增强了代码共享特性。调用世界上任意一支团队开发的代码中的对象与调用本地某个模块中的对象几乎是一样的。当项目中的代码需要调用另一个 Gradle 项目或 Android Studio 模块中的代码时，只需要在主项目中声明依赖即可将代码绑定在一起，最终能够将彼此分离的各个部分无缝拼接为一个完整的应用。

考虑一种简单的情况，你的应用需要调用外部类 Foo 中的方法 bar。如果使用传统的 Android 工具，需要找到定义了类 Foo 的项目。这可能需要从网络下载，而如果并不确定项目位置或主页，甚至还需要奋力在网络上搜索。接下来，还有以下事情要做：

（1）将已下载的项目保存在你的开发机上。
（2）可能需要通过源代码构建它。
（3）找到它输出的 JAR 文件，将其复制或移动到项目的 libs 文件夹下。
（4）可能需要将其提交到源代码版本控制。
（5）将其添加到库编译路径。
（6）编写代码来调用方法。

所有这些步骤都很容易出错，如果该项目使用了其他项目的 JAR 或代码，那么还要重复很多操作。此外，项目的不同版本可能位于不同的位置，或者与已经包含到 APP 中的其他项目不兼容。如果项目由公司中的其他团队维护，你可能会遇到缺少预编译 JAR 的问题，这意味着需要将其他团队的构建文件整合到自己的构建文件中,而这会极大地增加构建 APP 所需的时间和复杂度。

有了 Android Studio 和 Gradle,可以省去所有这些麻烦,只需要在构建文件中将项目声明为依赖,接着即可编写代码调用方法。要了解依赖的声明方法,参考本章前面介绍的 Gradle 文件,其中包含了下列块:

```
1. dependencies {
2.     implementation fileTree(dir:'libs', include:['*.jar'])
3.     implementation 'com.android.support:appcompat-v7:28.0.0'
4.     implementation 'com.android.support:support-v4:28.0.0'
5.     implementation 'com.android.support:design:28.0.0'
6.     implementation 'com.android.support.constraint:constraint-layout:1.1.3'
7.     testImplementation 'junit:junit:4.12'
8.     androidTestImplementation 'com.android.support.test:runner:1.0.2'
9.     androidTestImplementation 'com.android.support.test.espresso:espresso-
       core:3.0.2'
10. }
```

第一行的 implementation fileTree(dir:'libs', include:['*.jar']) 告知 Gradle 在编译过程中获取 libs 文件夹下的所有 JAR 文件,这类似于传统 Ant 构建脚本中使用依赖的方法,包含它的主要目的是与较老的项目兼容。

第二行的 implementation 'com.Android.support:appcompat-v7:28.0.0' 告知 Gradle 找到版本 28 的 appcompat-v7 库(在仓库中位于 com.Android.support 中)并让它在项目中可用。仓库是一个包含预编译模块集合的抽象位置,Gradle 将会根据需要从 Internet 下载依赖模块,将其加入编译器的 classpath 中,并将它们打包到最终的 APP 中。

1)常用依赖项类型。要向项目添加依赖项,需要在 build.gradle 文件的 dependencies 代码块中指定依赖项配置,如 implementation。

如下所示,应用模块的 build.gradle 文件可以包含 3 种不同类型的依赖项:

```
1. apply plugin:'com.Android.application'
2.     Android { ... }
3.     dependencies {
4.         //本地库模块依赖
5.         implementation project(":mylibrary")
6.         //本地二进制依赖项
7.         implementation fileTree(dir:'libs', include:['*.jar'])
8.         //远程二进制依赖项
9.         implementation 'com.example.Android:app-magic:12.3'
10.    }
```

其中,每个依赖项配置都请求不同种类的库依赖项。

2)本地库模块依赖项。

```
implementation project(':mylibrary')
```

这声明了对一个名为"mylibrary"（此名称必须与在 settings.gradle 文件中使用 include：定义的库名称相符）的 Android 库模块的依赖关系。在构建应用时，构建系统会编译该库模块，并将生成的编译内容打包到 APK 中。

3）本地二进制依赖项。

```
implementation fileTree('dir: libs', include: ['*.jar'])
```

声明对项目的 libs/目录中所有 JAR 文件的依赖关系。
也可以指定具体库文件：

```
implementation files('libs/foo.jar','libs/bar.jar')
```

4）远程二进制依赖项。

```
implementation 'com.example.android:app-magic:12.3'
```

声明了对" com.example.Android" 命名的空间内" app - magic" 库 12.3 版本的依赖性，Gradle 在同步项目时会从配置的网络仓库中找到该库，并下载到本地。

8.2 【案例】 精美第三方 Toast 库的使用

本节通过一个案例来介绍在 Android 项目中引入和使用第三方库。界面的效果如图 8-6 所示。

图 8-6 Toast 示例效果

8.2.1 案例描述

Toast 在 Android 中的定义就是大家所熟悉的黑色半透明提示，我们已经对其有所了解，但是黑色半透明效果比较单调，我们发现有第三方库 Toast 提供了更精美的效果，可以为 Toast 提供不同的颜色、图标和更多可定制性。

8.2.2 案例分析

我们采用的 Toast 库来自开源项目 https://github.com/GrenderG/Toasty。本案例的实现需要依次完成以下工作。
（1）创建项目。
（2）创建界面布局。
（3）添加依赖。
（4）调用 Toasty 类实现消息提示。

8.2.3 案例实现

1. 创建项目并对 MainActivity 进行布局

新建 Android 示例工程 ToastyDemo，项目包为 net.hnjdzy.examples.chapter08，在创建项目的向导中选择 "Empty Activity" 模板，创建 MainActivity。

activity_main.xml 布局文件代码如下：

```xml
1. <?xml version="1.0" encoding="utf-8"?>
2. <ScrollView xmlns:android="http://schemas.Android.com/APK/res/Android"
3.     xmlns:tools="http://schemas.android.com/tools"
4.     android:id="@+id/activity_main"
5.     android:layout_width="match_parent"
6.     android:layout_height="match_parent">
7.     <RelativeLayout
8.         android:layout_width="match_parent"
9.         android:layout_height="wrap_content"
10.        android:paddingBottom="16dp"
11.        android:paddingLeft="16dp"
12.        android:paddingRight="16dp"
13.        android:paddingTop="16dp">
14.        <Button
15.            android:text="@string/error_toast"
16.            android:layout_width="wrap_content"
17.            android:layout_height="wrap_content"
18.            android:layout_alignParentTop="true"
19.            android:layout_alignParentLeft="true"
20.            android:layout_alignParentStart="true"
21.            android:id="@+id/button_error_toast"
22.            android:layout_alignParentRight="true"
```

```
23.        android:layout_alignParentEnd = "true" />
24.     <Button
25.        android:text = "@string/success_toast"
26.        android:layout_width = "wrap_content"
27.        android:layout_height = "wrap_content"
28.        android:layout_below = "@+id/button_error_toast"
29.        android:layout_alignParentLeft = "true"
30.        android:layout_alignParentStart = "true"
31.        android:id = "@+id/button_success_toast"
32.        android:layout_alignParentRight = "true"
33.        android:layout_alignParentEnd = "true" />
34.     <Button
35.        android:text = "@string/info_toast"
36.        android:layout_width = "wrap_content"
37.        android:layout_height = "wrap_content"
38.        android:layout_below = "@+id/button_success_toast"
39.        android:layout_alignParentLeft = "true"
40.        android:layout_alignParentStart = "true"
41.        android:id = "@+id/button_info_toast"
42.        android:layout_alignParentRight = "true"
43.        android:layout_alignParentEnd = "true" />
44.     <Button
45.        android:text = "@string/info_toast_with_formatting"
46.        android:layout_width = "wrap_content"
47.        android:layout_height = "wrap_content"
48.        android:layout_below = "@id/button_info_toast"
49.        android:layout_alignParentLeft = "true"
50.        android:layout_alignParentStart = "true"
51.        android:id = "@+id/button_info_toast_with_formatting"
52.        android:layout_alignParentRight = "true"
53.        android:layout_alignParentEnd = "true" />
54.     <Button
55.        android:text = "@string/warning_toast"
56.        android:layout_width = "wrap_content"
57.        android:layout_height = "wrap_content"
58.        android:layout_below = "@+id/button_info_toast_with_formatting"
59.        android:layout_alignParentLeft = "true"
60.        android:layout_alignParentStart = "true"
61.        android:layout_alignParentRight = "true"
62.        android:layout_alignParentEnd = "true"
63.        android:id = "@+id/button_warning_toast" />
64.     <Button
65.        android:text = "@string/normal_toast_without_icon"
66.        android:layout_width = "wrap_content"
67.        android:layout_height = "wrap_content"
```

```
68.        android:layout_below = "@ + id/button_warning_toast"
69.        android:layout_alignParentLeft = "true"
70.        android:layout_alignParentStart = "true"
71.        android:id = "@ + id/button_normal_toast_wo_icon"
72.        android:layout_alignParentRight = "true"
73.        android:layout_alignParentEnd = "true" />
74.    </RelativeLayout>
75. </ScrollView>
```

以上代码用到了以下定义于 strings.xml 中的字符串资源:

```
1.  <resources>
2.    <string name = "app_name">ToastyDemo</string>
3.    <string name = "normal_toast_with_icon">普通提示带图标</string>
4.    <string name = "normal_toast_without_icon">普通提示不带图标</string>
5.    <string name = "warning_toast">警告提示</string>
6.    <string name = "info_toast">信息提示</string>
7.    <string name = "info_toast_with_formatting">信息提示带字符串格式化</string>
8.    <string name = "error_toast">错误提示</string>
9.    <string name = "success_toast">成功提示</string>
10.   <string name = "custom_configuration">定制配置</string>
11.   <string name = "error_message">This is an error toast.</string>
12.   <string name = "success_message">Success!</string>
13.   <string name = "info_message">Here is some info for you.</string>
14.   <string name = "warning_message">Beware of the dog.</string>
15.   <string name = "normal_message_without_icon">Normal toast w/o icon</string>
16.   <string name = "normal_message_with_icon">Normal toast w/icon</string>
17.   <string name = "custom_message">sudo kill -9 everyone</string>
18. </resources>
```

2. 添加 Toast 库的依赖

在工程根目录的 build.gradle 添加仓库,如图 8-7 所示。

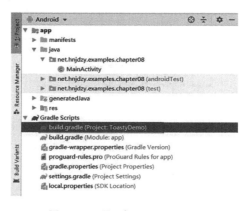

图 8-7　项目根 build.gradle

在 allprojects 节点下的 repositories 节点下添加一个仓库，代码如下：

```
maven { url "https://jitpack.io" }
```

添加后的整个根 build.gradle 文件代码如下：

```
1.  /* Top - level build file where you can add configuration options common to
    all sub - projects/modules. */
2. buildscript {
3.    repositories {
4.        google()
5.        jcenter()
6.    }
7.    dependencies {
8.        classpath 'com.Android.tools.build:gradle:3.4.1'
9.        //NOTE: Do not place your application dependencies here; they belong
10.       // in the individual module build.gradle files
11.   }
12.}
13.allprojects {
14.    repositories {
15.        google()
16.        jcenter()
17.        maven { url "https://jitpack.io" }
18.    }
19.}
20.task clean(type: Delete) {
21.    delete rootProject.buildDir
22.}
```

在 app 模块的 build.gradle 中添加依赖，如图 8-8 所示，并打开模块的 build.gradle 文件。

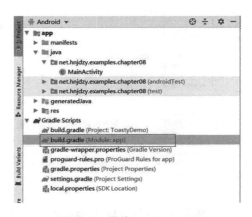

图 8-8 模块 build.gradle

在 dependencies 节点，添加 implementation 'com.github.GrenderG:Toasty:1.4.2'，添加后的整个文件代码如下：

```groovy
1.  apply plugin: 'com.Android.application'
2.  android {
3.      compileSdkVersion 28
4.      defaultConfig {
5.          applicationId "net.hnjdzy.examples.chapter08"
6.          minSdkVersion 21
7.          targetSdkVersion 28
8.          versionCode 1
9.          versionName "1.0"
10.         testInstrumentationRunner "Android.support.test.runner.AndroidJUnitRunner"
11.     }
12.     buildTypes {
13.         release {
14.             minifyEnabled false
15.             proguardFiles getDefaultProguardFile('proguard-Android-optimize.txt'), 'proguard-rules.pro'
16.         }
17.     }
18. }
19. dependencies {
20.     implementation 'com.github.GrenderG:Toasty:1.4.2'
21.     implementation fileTree(dir: 'libs', include: ['*.jar'])
22.     implementation 'com.android.support:appcompat-v7:28.0.0'
23.     implementation 'com.android.support.constraint:constraint-layout:1.1.3'
24.     testImplementation 'junit:junit:4.12'
25.     androidTestImplementation 'com.android.support.test:runner:1.0.2'
26.     androidTestImplementation 'com.android.support.test.espresso:espresso-core:3.0.2'
27. }
```

添加完依赖后，请单击工具栏中的"同步"按钮，Gradle 会根据配置去下载 Toast 库。

3. 在 MainActivity 中添加按钮事件代码

```java
1. package net.hnjdzy.examples.chapter08;
2. import android.graphics.Typeface;
3. import android.graphics.drawable.Drawable;
4. import android.support.v7.app.AppCompatActivity;
```

```
5. import android.os.Bundle;
6. import android.text.Spannable;
7. import android.text.SpannableStringBuilder;
8. import android.text.style.StyleSpan;
9. import android.view.View;
10. import es.dmoral.toasty.Toasty;
11. import static Android.graphics.Typeface.BOLD_ITALIC;
12. public class MainActivity extends AppCompatActivity {
13.     @Override
14. protected void onCreate(Bundle savedInstanceState) {
15.     super.onCreate(savedInstanceState);
16.     setContentView(R.layout.activity_main);
17.     findViewById(R.id.button_error_toast).setOnClickListener(new View.OnClickListener() {
18.         @Override
19.         public void onClick(View view) {
20.             Toasty.error(MainActivity.this, R.string.error_message, Toasty.LENGTH_SHORT, true).show();
21.         }
22.     });
23.     findViewById(R.id.button_success_toast).setOnClickListener(new View.OnClickListener() {
24.         @Override
25.         public void onClick(View view) {
26.             Toasty.success(MainActivity.this, R.string.success_message, Toasty.LENGTH_SHORT, true).show();
27.         }
28.     });
29.     findViewById(R.id.button_info_toast).setOnClickListener(new View.OnClickListener() {
30.         @Override
31.         public void onClick(View view) {
32.             Toasty.info(MainActivity.this, R.string.info_message, Toasty.LENGTH_SHORT, true).show();
33.         }
34.     });
35.     findViewById ( R.id.button _ warning _ toast ) .setOnClickListener ( new View.OnClickListener() {
36.         @Override
37.         public void onClick(View view) {
38.             Toasty.warning(MainActivity.this, R.string.warning_message, Toasty.LENGTH_SHORT, true).show();
39.         }
```

```
40.     });
41.     findViewById(R.id.button_normal_toast_wo_icon).setOnClickListener(new
        View.OnClickListener() {
42.       @Override
43.       public void onClick(View view) {
44.         Toasty.normal(MainActivity.this, R.string.normal_message_without_icon).
            show();
45.       }
46.     });
47.     findViewById(R.id.button_info_toast_with_formatting).setOnClickListener
        (new View.OnClickListener() {
48.       @Override
49.       public void onClick(View view) {
50.         Toasty.info(MainActivity.this, getFormattedMessage()).show();
51.       }
52.     });
53. }
54.
55. private CharSequence getFormattedMessage() {
56.     final String prefix = "Formatted ";
57.     final String highlight = "bold italic";
58.     final String suffix = " text";
59.     SpannableStringBuilder ssb = new SpannableStringBuilder(prefix).append
        (highlight).append(suffix);
60.     int prefixprefixLen = prefix.length();
61.     ssb.setSpan(new StyleSpan(BOLD_ITALIC),
62.       prefixLen, prefixLen + highlight.length(), Spannable.SPAN_EXCLUSIVE_
        EXCLUSIVE);            return ssb;
63.   }
64. }
```

 注意：Toast 库的使用和原生 Toast 类基本相同，其提供了一个静态方法来生成错误、信息、警告等的提示。例如，错误信息调用 Toasty.error 方法 [Toasty.error（MainActivity.this，"This is an error toast."，Toast.LENGTH_SHORT，true）.show();]。

8.3　使用 MPAndroidChart 库生成图表

MPAndroidChart 库来自开源项目 https：//github.com/PhilJay/MPAndroidChart，MPAndroidChart 是 Android 平台上被广泛使用的图表组，MPAndroidChart 强大且容易使用，支持线

状图、柱状图、散点图、烛状图、气泡图、饼状图和蜘蛛网状图，支持缩放、拖动（平移）、选择和动画等，如图 8-9 所示。

使用 MPAndroidChart 的步骤如下。

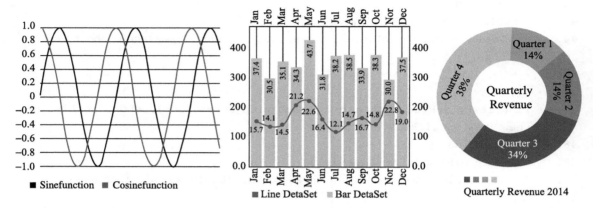

图 8-9 MPAndroidChart 图表示例

1. 添加依赖

先需要将此库添加到项目的依赖中，如果采用远程二进制依赖的方式，可以参照上节案例的方式设置：

（修改根 build.gradle 文件）

```
1.repositories {
2.    maven { url 'https://jitpack.io' }
3.}
```

（修改模块 build.gradle 文件）

```
1.dependencies {
2.    implementation 'com.github.PhilJay:MPAndroidChart:v3.1.0'
3.}
```

下节的案例中会详细讲解如何用添加本地二进制依赖的方式使用 MPAndroidChart 库。

2. 创建视图

MPAndroidChart 为每种图表提供了视图组件，要使用 LineChart、BarChart、ScatterChart、CandleStickChart、PieChart、BubbleChart 或 RadarChart，请在 .xml 中定义它：

```
1.<com.github.mikephil.charting.charts.LineChart
2.    android:id = "@ + id/chart"
3.    android:layout_width = "match_parent"
4.    android:layout_height = "match_parent" />
```

然后从 Activity、Fragment 或其他内容中获取图表组件：

```
LineChart chart = (LineChart) findViewById(R.id.chart);
```

或者在代码中创建，然后将其添加到布局中：

```
1. //用代码方式创建图表
2. LineChart chart = new LineChart(Context);
3. //获取一个布局组件
4. RelativeLayout rl = (RelativeLayout) findViewById(R.id.relativeLayout);
5. //添加到布局上
6. rl.add(chart);
```

3. 添加数据

拥有图表实例后，需要创建数据并将其添加到图表中。以使用 LineChart 为例，其中，Entry 类表示图表中具有 x 和 y 坐标的单个条目。其他图表类型（如 BarChart）使用其他类（如 BarEntry）。要将数据添加到图表中，请将拥有的每个数据对象包装到 Entry 对象中，如下所示。

```
1. YourData[] dataObjects = ...;
2. List<Entry> entries = new ArrayList<Entry>();
3. for(YourData data : dataObjects) {
4.     //从你的数据源转换成 Entry 对象
5.     entries.add(new Entry(data.getValueX(), data.getValueY()));
6. }
```

下一步，需要将创建的 List<Entry> 添加到 LineDataSet 对象中。LineDataSet 对象保存属于一起的数据，并允许对该数据进行单独设计。以下使用的 "Label" 仅具有描述性目的，并在 Legend 中显示（如果已启用）。

```
1. //将实体集合加入到数据集中
2. LineDataSet dataSet = new LineDataSet(entries, "Label");
```

最后一步，需要将创建的 LineDataSet 对象（或多个对象）添加到 LineData 对象中。此对象包含由 Chart 实例表示的所有数据，并允许进一步样式化。创建数据对象后，可以将其设置为图表并刷新它。

```
1. //工具数据集创建图表数据
2. LineData lineData = new LineData(dataSet);
3. //设置图表数据
4. chart.setData(lineData);
5. //刷新图表
6. chart.invalidate();
```

4. 美化样式

MPAndroidChart 提供了丰富的 API 来帮助设置背景、颜色、轴线的样式和风格。有关图表表面和数据的设置及样式的信息,请参考其 API 文档。

8.4 【案例】 使用 MPAndroidChart 图表库生成饼图

本节通过一个案例来介绍在 Android 项目中绘制图表,界面的效果如图 8-10 所示。

8.4.1 案例描述

2018 年我国三大产业占比为,第一产业占 GDP 比重为 4.4%,第一产业增加值为 8904.0 亿元;第二产业占 GDP 比重为 38.9%,第二产业增加值为 77451.3 亿元;第三产业占 GDP 比重为 56.5%,第三产业增加值为 112427.8 亿元。我们希望用直观的饼图将三大产业的占比对比显示出来。

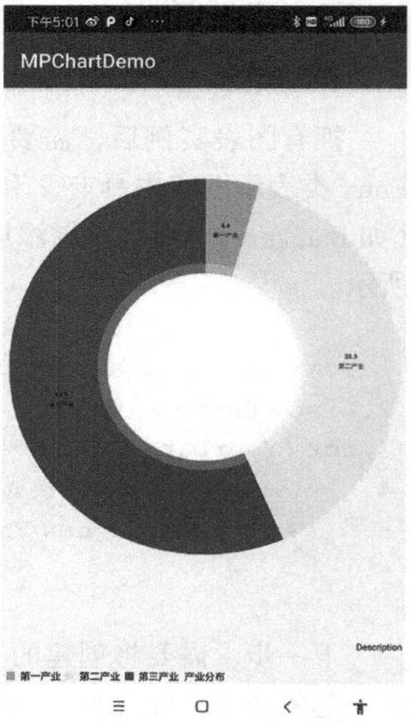

8.4.2 案例分析

本案例的实现需要依次完成以下工作。
(1) 创建项目。
(2) 添加依赖库。
(3) 创建界面布局,在布局中添加 PieChart 组件。
(4) 利用 API 创建饼图的数据集,实现饼图绘制。

8.4.3 案例实现

图 8-10 饼图效果

1. 创建项目

新建 Android 示例工程 ChartDemo,项目包为 net.hnjdzy.examples.chapter08.chartdemo,在创建项目的向导中选择"Empty Activity"模板,创建 MainActivity。

2. 添加依赖库

本案例库的引入采用先下载到本地,再把库文件加入 libs 目录的方式,这种方式适用于已经获得了库文件的场景。
(1) 下载图表库 MPAndroidChart-v2.2.2.jar 到计算机。
(2) 打开计算机的资源管理器,找到下载的 MPAndroidChart-v2.2.2.jar,通过右键菜单选择复制命令。
(3) 在项目导航视图中选择"Project"模式,导航到 libs 节点,右击,在弹出的快捷菜单中选择"Paste"命令,如图 8-11 所示。

（4）单击工具栏的"同步"按钮（见图 8 - 12），将会自动将 libs 中的 jar 文件加入项目的 classpath 中，新加入的 MPAndroidChart-v2.2.2.jar 就可以在项目中使用了。

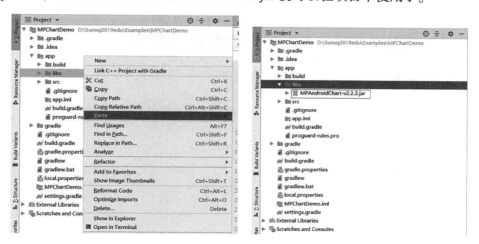

图 8 - 11　粘贴库文件到 libs 目录

图 8 - 12　同步按钮

3. 创建界面布局

activity_main.xml 布局文件代码如下：

```
1.<?xml version = "1.0" encoding = "utf - 8"?>
2.<LinearLayout xmlns:android = "http://schemas.android.com/APK/res/Android"
3.    xmlns:app = "http://schemas.android.com/APK/res - auto"
4.    xmlns:tools = "http://schemas.android.com/tools"
5.    android:layout_width = "match_parent"
6.    android:layout_height = "match_parent"
7.    tools:context = ".MainActivity">
8.    <com.github.mikephil.charting.charts.PieChart
9.        android:id = "@ + id/pie_chart"
10.       Android:layout_width = "match_parent"
11.       Android:layout_height = "match_parent" />
12.</LinearLayout>
```

4. 在 MainActivity 中添加按钮事件代码

```
1.package net.hnjdzy.examples.chapter08.chartdemo;
2.import Android.graphics.Color;
3.import Android.support.v7.app.AppCompatActivity;
4.import Android.os.Bundle;
```

```java
5. import com.github.mikephil.charting.charts.PieChart;
6. import com.github.mikephil.charting.data.Entry;
7. import com.github.mikephil.charting.data.PieData;
8. import com.github.mikephil.charting.data.PieDataSet;
9. import java.util.ArrayList;
10. public class MainActivity extends AppCompatActivity {
11.     @Override
12.     protected void onCreate(Bundle savedInstanceState) {
13.         super.onCreate(savedInstanceState);
14.         setContentView(R.layout.activity_main);
15.         drawChart();
16.     }
17.     //绘制图表
18.     private void drawChart() {
19.         //获取饼图组件
20.         PieChart pieChart = (PieChart) this.findViewById(R.id.pie_chart);
21.         //每个饼块上的内容
22.         ArrayList<String> xValues = new ArrayList<String>();
23.         //每个饼块的实际数据
24.         ArrayList<Entry>  yValues = new ArrayList<Entry>();
25.         xValues.add("第一产业");
26.         yValues.add(new Entry(4.4f,0));
27.         xValues.add("第二产业");
28.         yValues.add(new Entry(38.9f,1));
29.         xValues.add("第三产业");
30.         yValues.add(new Entry(56.5f,2));
31.         PieDataSet pieDataSet = new PieDataSet(yValues, "产业分布");
32.         PieData pieData = new PieData(xValues, pieDataSet);
33.         pieChart.setData(pieData);
34.         //设置饼图颜色
35.         ArrayList<Integer> colors = new ArrayList<Integer>();
36.         colors.add(Color.parseColor("#59EA3A"));
37.         colors.add(Color.parseColor("#FFFA40"));
38.         colors.add(Color.parseColor("#E238A7"));
39.         pieDataSet.setColors(colors);
40.     }
41. }
```

 注意：MPAndroidChart 支持多种图，每种图都继承于相同的基类，因此使用方法基本类似，其他图形的创建可以参考 MPAndroidChart 的示例代码来学习。

8.5 【项目实战】

8.5.1 开发支出分类汇总统计饼图

1. 开发任务单

任务概况	任务描述	实现支出分类统计		
	参与人员			
	所属产品	记账本 APP	开始时间	
	所属模块	统计图表	结束时间	
	任务类型	开发	预计工时	4 小时
	任务编号	DEV-08-001	实际工时	
任务要求	(1) 从数据库中按照类别统计各分类的消费汇总。 (2) 用饼图方式将消费汇总展示出来	用户故事/界面原型		
验收标准	(1) 能够正常生成饼图,界面美观。 (2) 图表会根据数据库变动刷新,新增加支出项后,再进入概要界面,图表会刷新。 (3) 能够显示总支出。 (4) 程序符合代码规范要求			

2. 开发任务解析

参考前面 8.3、8.4 节的内容可以知道,生成一个饼图需要在视图中加入组件、设置数据、设置样式和风格等,其中最重要的是设置数据,所以任务的关键是获取到统计汇总的数据。依据项目的架构,所有与数据库相关的操作封装在数据访问对象(Dao)中,因此我们需要在 Dao 类中添加相应的统计汇总方法来提供数据。

3. 开发过程

(1) 在记账本项目中的数据访问对象中添加支出分类汇总的方法。

打开 AccountDao 类,添加如下支出分类汇总方法:

```
1.//支出类型汇总
2.public List <AccountItem> getOutlayStaticsList(String date){
3.  ArrayList <AccountItem> result = new ArrayList <AccountItem>();
4.  //利用 SQL 的 Group by 实现分类汇总
5.  String sql = "select category,sum(money) as money from AccountOutlay " +
6.    "where date like '" + date + "%' group by category";
7.  Log.d(AccountApplication.TAG,sql);
```

```
8.   Cursor cursor = db.rawQuery(sql,null);
9.   while (cursor.moveToNext()){
10.      //每个类别的汇总结果存入AccountItem对象中,只用到其中的类别和金额属性
11.      AccountItem item = new AccountItem();
12.         item.setCategory ( cursor.getString ( cursor.getColumnIndex ( "category")));
13.      item.setMoney(cursor.getDouble(cursor.getColumnIndex("money")));
14.      result.add(item);
15.   }
16.   cursor.close();
17.   return result;
18. }
```

在 AccountDao 类中,添加如下所有支出汇总方法:

```
1. //支出汇总
2. public double getOutlaySummary(String date){
3.    double result = 0;
4.    String sql = "select sum(money) as money from AccountOutlay where date like
      '"+date+"%' ";
5.    Log.d(AccountApplication.TAG,sql);
6.    Cursor cursor = db.rawQuery(sql,null);
7.    if (cursor.moveToNext()){
8.      result = cursor.getDouble(cursor.getColumnIndex("money"));
9.    }
10.   cursor.close();
11.   return result;
12. }
```

在 AccountDao 类中,添加如下所有收入汇总方法,此方法用来计算账号余额,收入汇总 - 支出汇总 = 账号余额:

```
1.   //收入汇总
2. public double getIncomeSummary(String date){
3.    double result = 0;
4.    String sql = "select sum(money) as money from AccountIncome where date like '"
      +
5.    date+"%'";
6.    Log.d(AccountApplication.TAG,sql);
7.    Cursor cursor = db.rawQuery(sql,null);
8.    if (cursor.moveToNext()){
9.      result = cursor.getDouble(cursor.getColumnIndex("money"));
10.   }
11.   cursor.close();
12.   return result;
13. }
```

（2）按照 8.4 节方法，为记账本项目添加 MPAndroidChart 的依赖。
（3）修改概要界面的布局，打开 fragment_summary.xml 文件，修改如下：

```
1.  <RelativeLayout
2.    xmlns:android = "http://schemas.Android.com/APK/res/Android"
3.    xmlns:tools = "http://schemas.Android.com/tools"
4.    android:layout_width = "match_parent"
5.    android:layout_height = "wrap_content" >
6.    <TextView
7.      android:id = "@ +id/tv_selected_name"
8.      android:text = "账户余额"
9.      android:gravity = "center"
10.     android:textSize = "12sp"
11.     android:padding = "10dp"
12.     android:layout_width = "match_parent"
13.     android:layout_height = "wrap_content" />
14.   <TextView
15.     android:id = "@ +id/textViewSummary"
16.     android:text = "￥0"
17.     android:gravity = "center"
18.     android:paddingBottom = "10dp"
19.     android:textSize = "12sp"
20.     android:layout_width = "match_parent"
21.     android:layout_height = "wrap_content"
22.     android:layout_below = "@ +id/tv_selected_name" />
23.   <com.github.mikephil.charting.charts.PieChart
24.     android:id = "@ +id/pie_chart"
25.     android:layout_width = "match_parent"
26.     android:layout_height = "300dp"
27.     android:layout_centerHorizontal = "true"
28.     android:layout_below = "@ id/textViewSummary" />
29. </RelativeLayout>
```

（4）在 net.hnjdzy.tinyaccount.fragment 包下创建 ChartManager 类，用来封装图表相关的方法。

```
1. package net.hnjdzy.tinyaccount.fragment;
2. import android.app.Activity;
3. import android.graphics.Color;
4. import android.util.DisplayMetrics;
5. import com.github.mikephil.charting.charts.PieChart;
6. import com.github.mikephil.charting.components.Legend;
7. import com.github.mikephil.charting.data.Entry;
8. import com.github.mikephil.charting.data.PieData;
```

```java
9.  import com.github.mikephil.charting.data.PieDataSet;
10. import java.util.ArrayList;
11. import java.util.List;
12. import net.hnjdzy.tinyaccount.AccountApplication;
13. import net.hnjdzy.tinyaccount.db.AccountDao;
14. import net.hnjdzy.tinyaccount.entity.AccountItem;
15. /**
16.  * 图形输出的帮助类
17.  * @author Androidtech@163.com
18.  */
19. public class ChartManager {
20.     private Activity mContext;
21.     public ArrayList<Integer> mOriginColors = new ArrayList<Integer>();
22.     public ChartManager(Activity context){
23.         this.mContext = context;
24.         initColor();
25.     }
26.     //生成饼图
27.     public void showPieChartAccount(PieChart pieChart, String date){
28.         AccountApplication app = (AccountApplication)(mContext.getApplication());
29.         AccountDao dbManager = app.getDatabaseManager();
30.         List<AccountItem> incomeAccountList = dbManager.getOutlayStaticsList(app.currentDateMonth);
31.         //每个饼块上的内容
32.         ArrayList<String> xValues = new ArrayList<String>();
33.         //每个饼块的实际数据
34.         ArrayList<Entry> yValues = new ArrayList<Entry>();
35.         //饼图颜色
36.         ArrayList<Integer> colors = new ArrayList<Integer>();
37.         for(int i = 0; i < incomeAccountList.size(); i++) {
38.             xValues.add(incomeAccountList.get(i).getCategory());
39.             yValues.add(new Entry((float) incomeAccountList.get(i).getMoney(),
                    i, incomeAccountList.get(i).getCategory()));
40.             colors.add(mOriginColors.get(i% mOriginColors.size()));
41.         }
42.         //y轴的集合
43.         PieDataSet pieDataSet = new PieDataSet(yValues, "支出");
44.         //设置个饼状图之间的距离
45.         pieDataSet.setSliceSpace(0f);
46.         pieDataSet.setColors(colors);
47.         //设置数据
48.         PieData pieData = new PieData(xValues, pieDataSet);
49.         pieData.setValueTextSize(14f);
50.         pieData.setHighlightEnabled(true);
```

```
51.     pieChart.setData(pieData);
52.     double outlaySum = dbManager.getOutlaySummary(date);
53.     //饼状图中间的文字
54.     pieChart.setCenterText("￥" + outlaySum);
55.     //设置样式
56.     setChartStyle(pieChart, pieDataSet);
57. }
58. private void initColor() {
59.     mOriginColors.add(Color.parseColor("#59EA3A"));
60.     mOriginColors.add(Color.parseColor("#FFFA40"));
61.     mOriginColors.add(Color.parseColor("#E238A7"));
62.     mOriginColors.add(Color.parseColor("#8DB42D"));
63.     mOriginColors.add(Color.parseColor("#3DA028"));
64.     mOriginColors.add(Color.parseColor("#BFBC30"));
65.     mOriginColors.add(Color.parseColor("#94256D"));
66.     mOriginColors.add(Color.parseColor("#66C3E3"));
67.     mOriginColors.add(Color.parseColor("#39B8E3"));
68.     mOriginColors.add(Color.parseColor("#0095C6"));
69.     mOriginColors.add(Color.parseColor("#257995"));
70.     mOriginColors.add(Color.parseColor("#006181"));
71. }
72. private void setChartStyle(PieChart pieChart, PieDataSet pieDataSet) {
73.     //饼图显示样式
74.     pieChart.setBackgroundColor(Color.parseColor("#FFFFFF"));
75.     pieChart.setHoleColorTransparent(true);
76.     //内圆半径,等于0则为实心圆
77.     pieChart.setHoleRadius(50f);
78.     //半透明圈
79.     pieChart.setTransparentCircleRadius(60f);
80.     //描述
81.     pieChart.setDescription("");
82.     //pieChart.setDescriptionPosition(100,100);
83.     //饼状图中间可以添加文字
84.     pieChart.setDrawCenterText(true);
85.     pieChart.setCenterTextSize(22f);
86.     pieChart.setDrawHoleEnabled(true);
87.     //初始旋转角度
88.     pieChart.setRotationAngle(-90);
89.     //显示成百分比
90.     pieChart.setUsePercentValues(true);
91.     //不可以手动旋转
92.     pieChart.setRotationEnabled(false);
93.     //设置比例图 不显示
94.     Legend mLegend = pieChart.getLegend();
95.     //最右边显示
```

```
96.         mLegend.setPosition(Legend.LegendPosition.RIGHT_OF_CHART);
97.         //设置比例图的形状,默认是方形
98.         mLegend.setForm(Legend.LegendForm.LINE);
99.         mLegend.setXEntrySpace(7f);
100.        mLegend.setYEntrySpace(5f);
101.        //不显示比例图
102.        mLegend.setEnabled(false);
103.        //设置动画
104.        pieChart.animateXY(1000,1000);
105.        DisplayMetrics metrics = mContext.getResources().getDisplayMetrics();
106.        float px = 5 * (metrics.densityDpi /160f);
107.        //选中态多出的长度
108.        pieDataSet.setSelectionShift(px);
109.    }
110. }
```

(5) 修改概要界面 SummaryFragment 类的代码,关键代码如下:

```
1. public class SummaryFragment extends Fragment {
2.     private View mRootView;
3.     @Override
4.     public View onCreateView(LayoutInflater inflater, ViewGroup container,
5.             Bundle savedInstanceState) {
6.       mRootView = inflater.inflate(R.layout.fragment_summary, container,false);
7.       initView();
8.       return mRootView;
9.    }
10.    private void initView() {
11.      //显示余额
12.      AccountApplication app = (AccountApplication)(this.getActivity().getApplication());         AccountDao dbManager = app.getDatabaseManager();
13.       TextView textViewSummary = (TextView) mRootView.findViewById(R.id.textViewSummary);
14.      double summary = dbManager.getIncomeSummary(app.currentDateMonth) -
15.          dbManager.getOutlaySummary(app.currentDateMonth);
16.      textViewSummary.setText(String.valueOf(summary));
17.      //绘制分布图
18.      ChartManager chartManager = new ChartManager(this.getActivity());
19.      PieChart pieChart = (PieChart) mRootView.findViewById(R.id.pie_chart);
20.      chartManager.showPieChartAccount(pieChart, app.currentDateMonth);
21.    }
22.    @Override
23.    public void onResume() {
```

```
24.        super.onResume();
25.        initView();
26.    }
27. }
```

8.5.2 实现查询统计功能

1. 开发任务单

	任务描述	实现查询统计功能		
任务概况	参与人员			
	所属产品	记账本 APP	开始时间	
	所属模块	统计图表	结束时间	
	任务类型	开发	预计工时	2 小时
	任务编号	DEV-08-002	实际工时	
任务要求	(1) 用户可输入起始日、截至日。 (2) 用户可选择统计"收入"或"支出"。 (3) 单击"查询"图标后,查询时间段内的收入或支出明细,用表格列出	用户故事/界面原型		
验收标准	(1) 界面设计合理。 (2) 日期输入有校验。 (3) 查询响应时间小于 1 秒。 (4) 程序符合代码规范要求			

2. 开发任务解析

查询统计的入口在导航抽屉菜单上,如图 8-13 所示,选择"报告"选项进入查询统计界面。

实现的思路是通过界面获取用户查询的参数:起始日、截至日、收入/支出,将参数传递给 DAO 对象,从数据库中查询到满足条件的数据,将查询到的数据用 ListView 展示出来。

3. 开发过程

(1) 在记账本项目的 activity 包中添加 ReportActivity。

(2) 修改 activity_report.xml 布局文件,关键代码如下:

图 8-13 导航抽屉菜单

```xml
1.  <?xml version="1.0" encoding="utf-8"?>
2.  <LinearLayout xmlns:android="http://schemas.android.com/APK/res/Android"
3.      xmlns:app="http://schemas.android.com/APK/res-auto"
4.      xmlns:tools="http://schemas.android.com/tools"
5.      android:layout_width="match_parent"
6.      android:layout_height="match_parent"
7.      android:orientation="vertical">
8.      <RelativeLayout
9.          android:layout_width="match_parent"
10.         android:layout_height="wrap_content"
11.         android:background="@color/colorPrimaryDark">
12.         <ImageView
13.             android:id="@+id/imageView7"
14.             android:layout_width="36dp"
15.             android:layout_height="36dp"
16.             app:srcCompat="@drawable/sum_histogram_icon"
17.             android:layout_centerInParent="true"/>
18.     </RelativeLayout>
19.     <RelativeLayout
20.         android:layout_width="match_parent"
21.         android:layout_height="wrap_content"
22.         android:background="@color/colorPrimaryDark">
23.         <TextView
24.             android:id="@+id/textViewBeginDate"
25.             android:layout_width="wrap_content"
26.             android:layout_height="wrap_content"
27.             android:layout_alignParentLeft="true"
28.             android:layout_marginLeft="13dp"
29.             android:text="起始日:"/>
30.         <EditText
31.             android:id="@+id/editTextBeginDate"
32.             android:layout_width="wrap_content"
33.             android:layout_height="wrap_content"
34.             android:layout_below="@+id/textViewBeginDate"
35.             android:layout_alignParentLeft="true"
36.             android:layout_marginStart="5dp"
37.             android:layout_marginTop="5dp"
38.             android:layout_alignLeft="@+id/textViewBeginDate"
39.             android:text="2019-01-01"/>
40.         <TextView
41.             android:id="@+id/textViewEndDate"
42.             android:layout_width="wrap_content"
43.             android:layout_height="wrap_content"
44.             android:layout_toRightOf="@+id/editTextBeginDate"
45.             android:layout_marginLeft="10dp"
```

```xml
46.        android:layout_alignParentTop = "true"
47.        android:text = "截至日:"/>
48.     <EditText
49.        android:id = "@ + id/editTextEndDate"
50.        android:layout_width = "wrap_content"
51.        android:layout_height = "wrap_content"
52.        android:layout_below = "@ + id/textViewEndDate"
53.        android:layout_marginTop = "5dp"
54.        android:layout_alignLeft = "@ + id/textViewEndDate"
55.        android:text = "2019 - 01 - 01" />
56.     <ImageButton
57.        android:id = "@ + id/imageButtonQuery"
58.        android:layout_width = "wrap_content"
59.        android:layout_height = "wrap_content"
60.        android:layout_alignParentEnd = "true"
61.        app:srcCompat = "@ drawable/ic_search_grey600_24dp" />
62.     <RadioGroup
63.        android:id = "@ + id/radioGroupType"
64.        android:layout_width = "wrap_content"
65.        android:layout_height = "wrap_content"
66.        android:layout_toRightOf = "@ + id/editTextEndDate"
67.        android:layout_alignParentTop = "true"
68.        >
69.        <RadioButton
70.           android:id = "@ + id/radioButtonIncome"
71.           android:layout_width = "wrap_content"
72.           android:layout_height = "wrap_content"
73.           android:layout_weight = "1"
74.           android:checked = "true"
75.           android:text = "收入" />
76.        <RadioButton
77.           android:id = "@ + id/radioButtonOutLay"
78.           android:layout_width = "wrap_content"
79.           android:layout_height = "wrap_content"
80.           android:layout_weight = "1"
81.           android:text = "支出" />
82.     </RadioGroup>
83.   </RelativeLayout>
84.   <ListView
85.     android:id = "@ + id/listView1"
86.     android:layout_width = "match_parent"
87.     android:layout_height = "match_parent" />
88. </LinearLayout>
```

（3）修改 AccountDao，添加根据日期范围查询收入/支出的方法，添加代码如下：

```java
1.  //查询收入
2.  public List <AccountItem> queryIncomeList(String beginDate,String endDate){
3.      ArrayList <AccountItem> result = new ArrayList <AccountItem>();
4.      String sql = "select id,category,money,remark,date from AccountIncome where date >='%s' and date <='%s'";
5.      sql = String.format(sql, beginDate,endDate);
6.      Cursor cursor = db.rawQuery(sql, null);
7.      while (cursor.moveToNext()){
8.          AccountItem item = new AccountItem();
9.          item.setId(cursor.getInt(cursor.getColumnIndex("id")));
10.         item.setCategory(cursor.getString(cursor.getColumnIndex("category")));
11.         item.setMoney(cursor.getDouble(cursor.getColumnIndex("money")));
12.         item.setDate(cursor.getString(cursor.getColumnIndex("date")));
13.         item.setRemark(cursor.getString(cursor.getColumnIndex("remark")));
14.         result.add(item);
15.     }
16.     cursor.close();
17.     return result;
18. }
19. //查询支出
20. public List <AccountItem> queryOutlayList(String beginDate,String endDate){
21.     ArrayList <AccountItem> result = new ArrayList <AccountItem>();
22.     String sql = "select id,category,money,remark,date from AccountOutlay where date >='%s' and date <='%s'";
23.     sql = String.format(sql, beginDate,endDate);
24.     Cursor cursor = db.rawQuery(sql, null);
25.     while (cursor.moveToNext()){
26.         AccountItem item = new AccountItem();
27.         item.setId(cursor.getInt(cursor.getColumnIndex("id")));
28.         item.setCategory(cursor.getString(cursor.getColumnIndex("category")));
29.         item.setMoney(cursor.getDouble(cursor.getColumnIndex("money")));
30.         item.setDate(cursor.getString(cursor.getColumnIndex("date")));
31.         item.setRemark(cursor.getString(cursor.getColumnIndex("remark")));
32.         result.add(item);
33.     }
34.     cursor.close();
35.     return result;
36. }
```

（4）修改ReportActivity，添加对于查询按钮的响应事件，实现功能，代码如下：

```java
1.  /**
2.   * 报告(查询)
3.   * @author Androiddev@163.com,hnjdzy
```

```
4.  */
5.  public class ReportActivity extends AppCompatActivity {
6.    EditText editTextBeginDate;
7.    EditText editTextEndDate;
8.    @Override
9.    protected void onCreate(Bundle savedInstanceState) {
10.     super.onCreate(savedInstanceState);
11.     setContentView(R.layout.activity_report);
12.     ImageButton buttonQuery = (ImageButton)this.findViewById(R.id.imageButtonQuery);
13.     buttonQuery.setOnClickListener(new View.OnClickListener() {
14.       @Override
15.       public void onClick(View view) {
16.         query();
17.       }
18.     });
19.     editTextBeginDate =(EditText)this.findViewById(R.id.editTextBeginDate);
20.     editTextEndDate =(EditText)this.findViewById(R.id.editTextEndDate);
21.     SimpleDateFormat sdf1 = new SimpleDateFormat("yyyy");
22.     SimpleDateFormat sdf2 = new SimpleDateFormat("yyyy-MM-dd");
23.     editTextBeginDate.setText(sdf1.format(new Date()) + "-01-01");
24.     editTextEndDate.setText(sdf2.format(new Date()));
25.   }
26.   //查询数据
27.   private void query() {
28.     RadioGroup radioGroup = (RadioGroup)this.findViewById(R.id.radioGroupType);
29.     boolean isIncome = radioGroup.getCheckedRadioButtonId() == R.id.radioButtonIncome;
30.     String beginDate = editTextBeginDate.getText().toString();
31.     String endDate = editTextEndDate.getText().toString();
32.     AccountApplication app = (AccountApplication)this.getApplication();
33.     AccountDao dbManager = app.getDatabaseManager();
34.     List<AccountItem> accountList = null;
35.     if (radioGroup.getCheckedRadioButtonId() == R.id.radioButtonIncome){
36.       accountList = dbManager.queryIncomeList(beginDate,endDate);
37.     }else{
38.       accountList = dbManager.queryOutlayList(beginDate,endDate);
39.     };
40.     ListView listView = (ListView)this.findViewById(R.id.listView1);
41.     ArrayAdapter<AccountItem> arrayAdapter = new ArrayAdapter<>(this,
        Android.R.layout.simple_list_item_1,accountList);
42.     listView.setAdapter(arrayAdapter);
43.   }
44. }
```

8.5.3 实现分享功能

1. 开发任务单

任务概况	任务描述	实现分享功能		
	参与人员			
	所属产品	记账本 APP	开始时间	
	所属模块	辅助功能	结束时间	
	任务类型	开发	预计工时	2 小时
	任务编号	DEV-08-003	实际工时	
任务要求	(1) 从数据库查询统计出收入和支出汇总。 (2) 提供用户选择分享到的应用	用户故事/界面原型		
验收标准	(1) 分享功能正常工作。 (2) 数据为数据库中的最新数据。 (3) 程序符合代码规范要求			

2. 开发任务解析

分享功能的入口在导航抽屉菜单上，如图 8-13 所示，选择"分享"选项启动分享功能。

实现分享可以用原生方法，或者第三方 SDK，如 ShareSDK，我们采用原生分享方法。首先利用 AccountDao 类中的统计汇总方法，生成要分享的文字信息，你的收入汇总为多少，支出汇总为多少。分享的代码通过系统的隐式意图（Intent）来实现。

(1) 创建一个 Intent.ACTION_ SEND，通过 setType 方法指定分享的为文本，类型是 mime type。

(2) 将要分享的文字放入意图的参数中。

(3) 调用 startActivity，系统会弹出一个处理 SEND 的应用列表，让我们选择分享的目标应用。

(4) 如果想要定制分享功能，可以调用 createChooser。

3. 开发过程

(1) 在 AccountApplication 类中添加生成分享信息的方法。

```
1. /**
2. * 用于分享的统计数据
```

```
3. * @return 统计结果文本
4. */
5. public String getStaticsInfo(){
6.    double incomeSum = mDatabaseManager.getIncomeSummary(currentDateMonth);
7.    double outlaySum = mDatabaseManager.getOutlaySummary(currentDateMonth);
8.    return String.format("你的收入汇总为:% f；你的支出汇总为:% f.",incomeSum,
      outlaySum);
9. }
```

（2）在 MainActivity 中增加响应"分享"菜单事件的代码。

```
1. Intent textIntent = new Intent(Intent.ACTION_SEND);
2. textIntent.setType("text/plain");
3. AccountApplication app = (AccountApplication)(this.getApplication());
4. String s = app.getStaticsInfo();
5. textIntent.putExtra(Intent.EXTRA_TEXT, s);
6. startActivity(Intent.createChooser(textIntent, "分享"));
```

8.5.4 挑战任务

1. 一星挑战任务：实现分享概要界面的分类汇总图片功能

<table>
<tr><td rowspan="6">任务概况</td><td>任务描述</td><td colspan="3">实现分享概要界面的分类汇总图片功能</td></tr>
<tr><td>参与人员</td><td colspan="3"></td></tr>
<tr><td>所属产品</td><td>记账本 APP</td><td>开始时间</td><td></td></tr>
<tr><td>所属模块</td><td>辅助功能</td><td>结束时间</td><td></td></tr>
<tr><td>任务类型</td><td>开发</td><td>预计工时</td><td>2 小时</td></tr>
<tr><td>任务编号</td><td>DEV-08-004</td><td>实际工时</td><td></td></tr>
<tr><td>任务要求</td><td colspan="2">按照分享功能的实现方式，实现将概要界面图片分享给其他应用的功能</td><td rowspan="2">用户故事/
界面原型</td><td rowspan="2"></td></tr>
<tr><td>验收标准</td><td colspan="2">（1）分享功能正常工作。
（2）图片清晰，不会导致内存溢出。
（3）程序符合代码规范要求</td></tr>
</table>

提示：

（1）MPAndroidChart 组件提供了 saveToPath() 和 saveToGallery() 方法，可以用来将图

表保存到文件。

（2）分享图片的参考代码：

```
1.String path = Environment.getExternalStorageDirectory() + "/test.jpt";
2.Intent imageIntent = new Intent(Intent.ACTION_SEND);
3.imageIntent.putExtra(Intent.EXTRA_STREAM, Uri.parse(path));
4.imageIntent.setType("image/png");
5.startActivity(Intent.createChooser(imageIntent, "分享"));
```

2. 二星挑战任务：增强查询统计功能

任务概况	任务描述	为查询统计界面的日期输入提供选择		
	参与人员			
	所属产品	记账本 APP	开始时间	
	所属模块	统计图表	结束时间	
	任务类型	开发	预计工时	2 小时
	任务编号	DEV-08-005	实际工时	
任务要求	（1）单击起始日和截止日弹出一个日期选择界面。 （2）建议采用第三方日期选择库来实现	用户故事/ 界面原型		
验收标准	（1）界面符合 Android 设计规范，采用 Material 风格。 （2）界面适配大部分主流手机屏幕。 （3）界面字符串满足国际化要求，可以根据手机语言变换（中文和英文）。 （4）功能正常工作			

3. 三星挑战任务：实现消费按天汇总的折线图展示

任务概况	任务描述	实现消费趋势折线图		
	参与人员			
	所属产品	记账本 APP	开始时间	
	所属模块	统计图表	结束时间	
	任务类型	开发	预计工时	4 小时
	任务编号	DEV-08-006	实际工时	
任务要求	（1）从数据库中按照类别统计各分类的消费汇总。 （2）用折线图方式将消费汇总展示出来	用户故事/界面原型	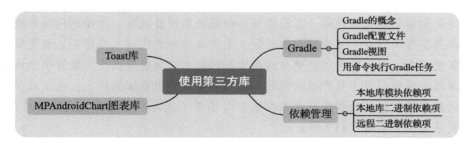	
验收标准	（1）能够正常生成折线图，界面美观。 （2）图表会根据数据库变动刷新，新增加支出项后，再进入概要界面，图表会刷新。 （3）能够显示总支出。 （4）程序符合代码规范要求			

本章小结

本章主要介绍了 Gradle 和依赖管理，以及如何在开发中使用第三方库；讲解了 Gradle 配置文件和 Gradle 依赖添加的方式；介绍了利用 MPAndroidChart 库来绘制图表；实现了记账本的消费支出分类汇总分析；完成了项目的查询统计功能开发和分析功能开发。本章的主要内容用思维导图总结如下：

第 9 章 项目发布

小猿做介绍

项目开发完成，经过测试和验证后，就可以把应用发布给用户使用。在把应用发给其他人安装使用或把应用发布到应用市场前，需要把应用打包成可发布的 APK。本章介绍在完成代码开发后还有哪些工作需要做，如何从代码打包出一个完整的可安装包。

小猿发布任务

对项目代码进行检查，确保代码符合编码规范；将记账本项目打包成一个可发布的 APK。

小猿做培训

编写优雅的代码

代码首先是写给人看的，其次才是能在计算机上运行。能够运行、能完成功能固然是重要的，可是，真实的软件项目是持续迭代的，以前写的代码以后还要去看和去改，如果每次都只有完成功能的最低要求，日积月累，这个项目所能达到的质量也只会是最低要求，并且这个最低要求还会进一步降低。

其实比起写低质量的代码，写出优雅的代码更能节省时间。优雅的代码是逻辑清晰的、简单直观的，在开发或维护的时候，读逻辑清晰的代码，自然要比读逻辑混淆的代码要更容易，由此就可以把更多的精力与时间花在功能开发上。编写优雅的代码时，必须思维清晰以写出更严谨的代码，这样也就能减少故障的产生，也就减少了修复故障所花费的时间。我们在开发中应该努力尽量不把时间都耗费在代码的修复上，而应该更多地用于创造性的工作。

做一个有所追求的程序员，你的代码质量取决于你自己，而不是你的公司、你的老板、产品经理、设计人员、项目以前的负责人员。有追求的程序员应该要求自己编写优雅的代码。

9.1 代码规范与静态质量检查

9.1.1 代码规范

代码规范在开发中有着重要作用，团队统一代码规范，有助于提升代码可读性及工作效率。代码规范主要包括命名、版式、注释等几个方面。其中命名包括变量、类、方法、文件名、数据库、表、字段、接口等方面；版式包括缩进、换行、对齐、大括号、循环体、逻辑判断等方面；注释包括包注释、文件注释、类注释、方法注释、参数注释、变量注释、代码片段注释等。详细的规范说明建议大家参考阿里巴巴 Android 开发手册。

9.1.2 静态质量检查

在开发过程中，除测试 Android 应用以确保其符合功能要求外，还必须确保代码不存在结构问题。结构混乱的代码会影响 Android 应用的可靠性和效率，增大维护代码的难度。例如，如果 XML 资源文件包含未使用的命名空间，则不仅占用空间，还会导致不必要的处理。其他结构问题，如使用目标 API 版本不支持的、已弃用的元素或 API 调用等，可能导致代码无法正常运行。

为了帮助分析代码中潜在的问题，Android Studio 提供了多个代码分析工具，这些工具在"Analyze"菜单中，如图 9-1 所示，建议大家多探索使用这些功能。

其中，"Inspect Code"命令利用 Android 的 Lint 代码扫描工具，可帮助发现并纠正代码结构质量的问题，而无须实际执行该应用，也不必编写测试用例。

Android Studio 的代码分析是基于 Lint 工具来进行的，Lint 可检查 Android 项目源文件是否包含潜在错误，以及在正确性、安全性、性能、易用性、便利性和国际化方面是否需要优化改进。在使用 Android Studio 时，可根据 Lint.xml 中配置的规则，分析源代码文件，执行检查。

选择"Inspect Code"选项，弹出如图 9-2 所示的对话框。

图 9-1 Android Studio 的"Analyze"菜单

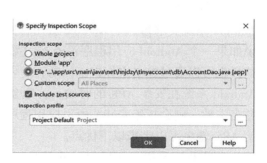

图 9-2 "Specify Inspection Scope"对话框

选择扫描的范围为

整个项目、模块、当前文件或定制范围。

单击"OK"按钮开始进行分析，Inspect code 运行后会弹出结果，如图 9-3 所示。从检查结果可知，它会给出所有在这个项目中不规范的编码、多余的资源、可能的 bug 或其他的一些问题，然后会给出修改的建议供我们参考。虽然这些问题并不会影响 APP 的正常运行，不过这对于项目的规范性和维护性来说是非常重要的。

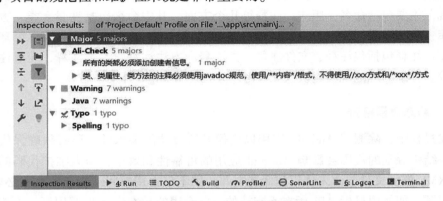

图 9-3　Inspect Code 执行结果

单击对应的问题后，后面会给出问题的具体位置以便修改。我们可根据检查结果逐项修改，修改完成后，再次运行检查，直到问题消除。

通过静态检查可以提高代码的规范程度，发现代码中潜在的问题，减少需要测试的时间。

9.2　项目打包和签名

在开发过程中，在软件工具栏中单击"运行"按钮就可将 APP 安装到模拟器上运行，但在项目 Project 目录的 build/outputs/apk 目录下可以找到运行前生成的文件 app - debug.APK。这个 apk 仅作为调试用，不能直接给用户安装使用，也不能直接把这个上传给应用市场。

Android 系统要求每一个 Android 应用程序必须要经过数字签名才能够安装到系统中，也就是说如果一个 Android 应用程序没有经过数字签名，是没有办法正常安装到用户的手机中的。这样也可以通过签名来标识不同的开发者。

Android 系统在安装 APK 的时候，首先会检验 APK 的签名，如果发现签名文件不存在或校验签名失败，则会拒绝安装，所以应用程序在发布之前一定要进行签名。

给 APK 签名可以带来以下优点。

（1）应用程序升级：如果想无缝升级一个应用，Android 系统要求应用程序的新版本与老版本具有相同的签名与包名。若包名相同而签名不同，则系统会拒绝安装新版应用。

（2）应用程序模块化：Android 系统可以允许同一个证书签名的多个应用程序在一个进程中运行，系统实际把它们作为单个应用程序。此时就可以把我们的应用程序以模块的方式进行部署，而用户可以独立地升级其中的一个模块。

（3）代码或数据共享：Android 提供了基于签名的权限机制，一个应用程序可以为另一个以相同证书签名的应用程序公开自己的功能与数据，同时其他具有不同签名的应用程序不可访问相应的功能与数据。

（4）应用程序的可认定性：签名信息中包含开发者信息，在一定程度上可以防止应用被伪造。例如，网易云加密对 Android APK 加壳保护中使用的"校验签名（防二次打包）"功能就是利用了这一点。

9.3 【项目实战】

9.3.1 项目打包

1. 开发任务单

任务概况	任务描述	项目打包		
	参与人员			
	所属产品	记账本 APP	开始时间	
	所属模块		结束时间	
	任务类型		预计工时	1 小时
	任务编号	DEV-09-001	实际工时	
任务要求	（1）将记账本项目打包出可以安装试用的 APK	用户故事/界面原型	—	
验收标准	（1）应用可以正常安装。 （2）能上传到应用市场发布			

2. 开发任务解析

Android Studio 具备了完整的打包工具，只需要按照提示，经过几个简单步骤即可将应用包生成。

3. 开发过程

（1）启动打包，选择"Build"→"Generate Signed Bundle/APK"命令，如图 9-4 所示。

（2）选择生成包的类型：APK，如图 9-5 所示。

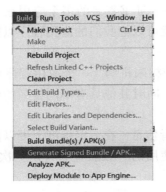

图 9-4　生成签名包菜单

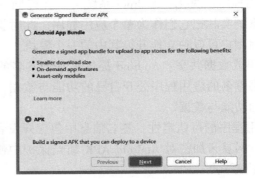

图 9-5　生成包类型

（3）选择签名密钥文件，如果还没有，单击"Create new"按钮创建一个新的签名密钥，如果已经创建可单击"Choose existing"按钮，如图 9-6 所示。

（4）创建一个新的签名密钥文件，如图 9-7 所示。

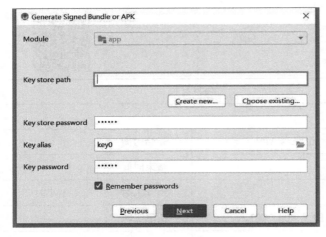

图 9-6　选择签名密钥

图 9-7　创建签名密钥

创建签名密钥对话框相关参数，见表 9-1。

表 9-1　签名密钥对话框相关参数

名　称	描　述
Key store path	密钥库路径
Password	密钥库密码
Confirm	确认密码
Alias	别名
Validity	有效年限
First and Last Name	名称

（续）

名 称	描 述
City or Locality	省
Organizational Unit	公司或组织
Organization	公司
State or Province	市或洲
Country Code	国家代码

（5）生成 APK。

生成 APK 需选择生成 debug 还是 release，如图 9-8 所示。debug 通常称为调试版本，它包含调试信息，并且不进行任何优化，便于程序员调试程序；release 称为发布版本，它往往是进行了各种优化，使程序在代码大小和运行速度上都是最优的，以便用户很好地使用。

选择签名版本：V1 签名是对 Jar 进行签名，V2 签名是对整个 APK 签名，建议 V1、V2 复选框都选择上。

单击 "Finish" 按钮会生成一个带签名的 APK，默认生成在工程的 APP 目录下。

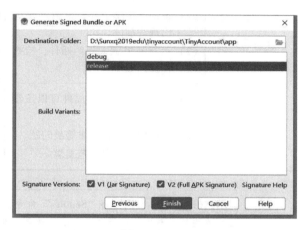

图 9-8　选择生成 APP 的版本

9.3.2　挑战任务

1. 一星挑战任务：对项目代码进行静态检查

任务概况	任务描述	对项目代码进行静态检查		
	参与人员			
	所属产品	记账本 APP	开始时间	
	所属模块	辅助功能	结束时间	
	任务类型	开发	预计工时	2 小时
	任务编号	DEV-09-002	实际工时	
任务要求	（1）利用 Inspect Code 命令，运行 Lint 分析代码的静态问题。 （2）根据分析结果，解决较重要的代码问题	用户故事/界面原型	—	
验收标准	（1）代码中不存在严重等级问题。 （2）程序符合代码规范要求			

2. 二星挑战任务：安装阿里巴巴代码规约插件

任务概况	任务描述	安装阿里巴巴代码规约插件		
	参与人员			
	所属产品	记账本 APP	开始时间	
	所属模块	辅助功能	结束时间	
	任务类型	开发	预计工时	1 小时
	任务编号	DEV – 09 – 003	实际工时	
任务要求	(1) 从插件市场下载并安装阿里巴巴规约插件。 (2) 运行阿里版本规约插件，检查代码问题	用户故事/界面原型		
验收标准	(1) 成功安装插件，插件可以正常运行。 (2) 代码中不存在严重等级问题。 (3) 程序符合代码规范要求			

 提示：(1) 选择"File"→"Settings"命令，如图 9 – 9 所示。
(2) 在左侧导航中，选择"Plugins"选项，在右侧"Marketplace"选项卡中的搜索文本框中输入"alibaba"，如图 9 – 10 所示。
(3) 选择"Alibaba Java Coding Guidelines plugin support"选项，单击"Install"按钮。

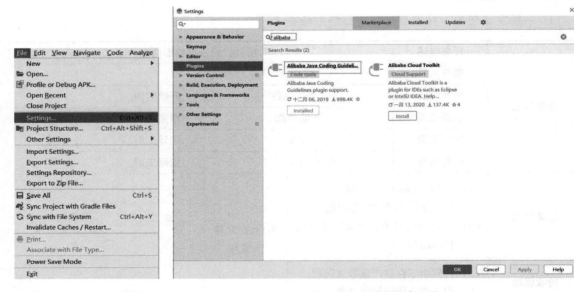

图 9 – 9 "File"菜单　　　　　　　　图 9 – 10 输入搜索文件

3. 三星挑战任务：启用代码优化和混淆并进行打包

任务概况	任务描述	启用代码优化和混淆并进行打包		
	参与人员			
	所属产品	记账本 APP	开始时间	
	所属模块	辅助功能	结束时间	
	任务类型	开发	预计工时	1 小时
	任务编号	DEV-09-004	实际工时	
任务要求	（1）打包前开启优化开关。 （2）开启代码混淆开关	用户故事/ 界面原型	—	
验收标准	（1）打包的应用已被优化、被混淆，包文件比未优化前小。 （2）应用可以正常安装。 （3）能上传应用市场发布			

> **提示**：混淆需要修改模块的 build.gradle 文件，把 minifyEnabled 改为 true。混淆后的 APK 会加大反编译的难度。Android 中通过 Proguard 进行混淆，默认的 proguard 已经基本设置好了，如果要设置混淆规则就需要修改 proguard-rules.pro 文件。
> 混淆的规则定义请大家网上查找。

本章小结

本章主要介绍了代码规范，以及如何在开发中检查代码质量；讲解了 Android 项目的打包和签名方法；介绍了利用 Android Studio 完成项目打包的过程；实现了记账本发布包生成。本章的主要内容用思维导图总结如下：

参考文献

唐亮，周羽. Android 高级开发［M］. 北京：高等教育出版社，2016.